知識流
KNOWLEDGISM

**台灣隱形冠軍**
EMBA同班同學
以平凡成就超凡的生命故事

# 平凡的力量

## 12位素人企業家從0到1的創業歷程

作者◎曾秋聯等12位CEO

Taiwan
Hidden Champions

台灣董事學會理事長 許士軍 ｜ 中山大學校長 鄭英耀 ｜ 中山管院院長 陳世哲 ｜ 南僑集團會長 陳飛龍
財信傳媒集團董事長 謝金河 ｜ 全國中小企業總會榮譽理事長 李成家 ｜ 信義房屋董事長 周俊吉 ｜ 雷科集團董事長 鄭再興

聯合推薦

EMBA 002

目錄 CONTENTS

## 目錄 CONTENTS

# 在變動世代中尋求成功新典範

鄭英耀

從美國加州大學聖地牙哥分校（University of California, San Diego; UCSD）自詡為聖地牙哥市的發展引擎，到中山大學以邁向國際知名頂尖大學，擔當大高雄學術、文化、人才培育及產業發展之發動機，做為使命與發展願景，都說明大學已不能置身於城市及產業發展之外；大學需要將專業社群的研發能量，轉化為社會進步與產業轉型的動能，想像未來、勇於追夢，將既有的DNA（Diverse、Novel、Adventurous）升級至四．〇，才能在研究、教學、和社會影響力各方面持續扮演領頭羊的角色。

自民國六十九年建校以來，中山大學一直積極地延攬國內外優秀人才，塑造一個多元、開放、自由、鼓勵創新的校園文化，這些努力讓學校能以不到四十年之校齡，成為臺灣頂尖研究大學之一，並在英國高等教育機構QS（Quacquarelli Symonds）二〇一七年的調查中，連續三年進入世界年輕大學前五十大排行榜。

中山大學ＥＭＢＡ這幾年的表現也十分亮眼。除了二〇一六年連續三年成為全國唯一進入英國《金融時報》（Financial Times）全球百大排行榜的學校外，「中山－同濟」雙學位境外專班也匯聚了兩岸企業菁英，由該班學員組成的聯隊更在二〇一六年的商管聯盟全國個案競賽中，連續兩年贏得了中華組華山金獎。

過去二十年來，中山ＥＭＢＡ已經培育了無數企業家與高階主管，成為南臺灣產學合作的重鎮。值此加冠之年，欣見第十八屆十二位應屆畢業的執行長，將他們從無到有、在平凡中成就不平凡的創業與人生歷程，詳實記錄下來集結成書。他們的生命故事代表著中山ＥＭＢＡ作為一個企業經營者的培訓搖籃，對變動世代尋求成功新典範的回應。

無論是重思經營管理方針，讓家族資源回收廠起死回生，甚至拚出億萬家產的振聯公司曾秋聯董事長；積極提升本身專業能力，完成亞洲首例換腎後減重手術，奠定其台灣減重名醫地位的阮綜合醫院宋天洲主任；選擇利基市場、出奇逆轉勝，締造亞洲第一佳績的宸利實業宋秉虔董事長；勇於開創新局、向其他業者提出資源整合計畫，以增加台灣蘭花產業國際競爭力的甘琳農業公司郭鎮雄董事長等。每一則創業故事暨生命經歷，都展現了台灣中小企業主隱而未宣的巨大能耐與能量。

事實上，中小企業對各國經濟的貢獻，舉世皆然。例如，美國有一半出口來自員工人數不到二十人的小公司，德國的情形類似；在台灣，中小企業占所有企業的比例達百分之九十七，對就業的貢獻接近百分之八十。另一方面，資訊科技與網絡的蓬勃發展讓世界經濟愈來愈開放，也讓個體有更多舞台能夠發揮前所未有的影響力，因此，中小企業在智慧化與數位化時代的重要性勢必加重，更是台灣能否在全球分工體系中掌握關鍵地位的主角。

本書命名為《平凡的力量》，正好彰顯出中山ＥＭＢＡ學員踏實求是、一步一腳印的特質。書中的內容也顯示，中山ＥＭＢＡ兩年的學習與激盪，確實提升了他們的生命素質與經營格局，讓他們更願意不藏私地分享內在的掙扎、兩難與突破，以幫助更多後之來者，臻於互利共贏。這股力量是台灣進步的動能，也是中山ＥＭＢＡ在邁向另一個二十年的同時，為引導產業變革所跨出的一小步。

（本文作者現為中山大學校長）

推薦序

# 創業精神才是真正的核心要素

許士軍

這是一本記載十二位「素人企業家」的創業故事。就這題材而言，首先，人們只要聽到說故事就會眼睛一亮，尤其它們是真實的「創業」故事，而不是夢幻中的，更會令人感動。尤其令人好奇的是，這些故事主角並不是什麼商場老手，而是「素人」，相信這一稱呼會帶給讀者更大的好奇心。

## 創業是一種無中生有的展現

談到「創業」，幾乎就是「無中生有」的同義詞；所不同的，此處所創造的，不是文學、藝術或思想之類，而是一個事業。也許在許多人心目中，這種創造比不上文學藝術或思想之千古不朽，但它卻能帶給現實生活中眾多人群的滿足愉悅，甚至生存。

大約八十年前一位偉大經濟學者熊彼得（Joseph A. Schumpeter）提出創業作為人類經濟發展之主要推動力量，而且決定了不同國家間之差異。自此以後，創業成為各國政府在形成經濟政策上的一個重要著力點。

五十年後，管理大師杜拉克又推出一本《創新與創業》巨著，將創業和創新結合，指出一國經濟由「成長型經濟」轉變為「創業型經濟」後，創業必須具有創新的內涵，才是真正的創業，使得創業更上層樓。

至此以後——尤其近若干年——有關創業之研究或報導，在一般報章雜誌和學術論著中，層出不窮，汗牛充棟，除了無數成功創業的故事外，在學術論著方面，有的分析成功要素，有的歸納創業過程和階段，有的探究外在環境和制度的影響等。

創業代表一個和現有事業不同的情景，所面臨的，是一種高度不確定的外界環境，這時所創事業究竟應何去何從，並無一定成規可循，尤其如何建立外界對事業的脈絡和信任，這些都沒有現成的答案，也不是一家既存多年企業的問題。基本上，當前主流的MBA教育——幾乎也沒有涵蓋這方面的問題。

## 一切有賴「創業精神」的推動

事實上，在所有有關創業的研究中，如前所稱，涉及多個層面與因素，但真正居於核心地位者，應在於所謂「創業精神」，這是推動創新和堅持不懈的真正精神來源。我們發現，一個國家經濟發展產業盛衰，在甚大程度並不是取決於經濟、財務或技術條件，而是和創業精神有極大關係。

從歷史上看，二戰以後，世界上不同國家的崛起，如西歐之復興，日本之崛起以及亞洲四小龍虎有神的表現，儘管每一國家的客觀環境和條件都不相同，但是它們共同之處都在於創業精神。

以本書所報導的十二個創業故事而言，每一故事的產業不同，策略各異，過程和艱辛也各有不同，但是它們共有的一點，也就在於所謂的「創業精神」（entrepreneurship）。

一般而言，人們探討這種創業精神，每將其視為獨立或外生（exogenous）變項，但是基於這一因素的根本和重要性，實在需要將創業精神視為應變數，探究這種創業精神從何而來。

## 創業精神自何而來？

對於這一問題，顯然超越企業經營的範疇，而要從一個社會的文化、價值觀念、教育等宏觀層次去探討。只有將創業提升到這一高度和廣泛的層面來討論，才能掌握到問題的核心。

譬如說，曾有學者D. C. McClelland獨樹一幟，嘗試用一個社會「成就動機」以解釋一個國家的經濟發展，我們也可以將這種成就動機視為創業精神的一個源頭。今日許多國家為了振興經濟，選擇以「培育創業精神」（cultivating entrepreneurship）為國家政策，不是沒有理由的。

## 網路世界中的創業精神

不過在此也要指出的，到了今天，隨著外界環境變化劇烈，市場結構因網路發展帶來不同的經營典範，儘管人們擔心，原來屬於由人所擔任的工作，甚多將被人工智能或自動化所取代。但可以肯定的是，這種創業精神不但不會被取代，反而更凸顯其主導地位，仍然是決定一家企業能否因應變化謀求生存的關鍵條件。

具體言之，進入網路和數位時代，一方面，創業往往是屬於「破壞性」或「顛覆性」創新性質，而不是「延續性」或「改善性」，因此對於創業精神的要求和挑戰，遠甚過往；另一方面，在互聯網的世界中，出現有像「電子商務園區」這種生態系統基礎建設，提供創業所需的商品、工廠、夥伴、資金、物流以及教育訓練、法規諮詢等條件，所缺乏的，只是創業者的創業精神；有了這一條件，他幾乎只要「赤手空拳」的進駐就可以了。譬如一些人常抱怨，自己徒有創業想法，但受限於苦無資金，以至於無法實現，但在網路時代，也即可經由所謂「群眾募資」（crowdfounding）平台途徑謀求解決，而不必靠個人的奔走尋求。換言之，這時創業精神必須能夠配合網路或虛擬世界的觀念和設施加以調整，將可大大發揮其作用。

以我們在台灣所經歷的來說，在五〇到九〇年代的幾十年間，台灣經濟產業和外銷的蓬勃發展，和這段時間內我們社會所展現旺盛的「創業精神」，幾乎是息息相關。然而到近二十年來社會上——尤其在許多年輕人中——所瀰漫的卻是一種以「小確幸」為滿足的氛圍，和創業精神背道而馳，這才是台灣前景令人最為擔憂的所在。

（本文作者現為逢甲大學人言講座教授、台灣董事學會理事長）

# 以變迎變，穩健開創，創業典範

李成家

創業沒有不必經歷風險的，正如「美吾華懷特生技集團」創立四十一年，甚至遭遇史上最嚴重的金融海嘯，但公司到今天能跨足美妝、生技、生醫產業，都是「以變迎變，穩健開創」，創造價值。這本書十二位創業家的故事，也都在印證這個「迎變」的法則。

創業難免驚滔駭浪，但也不是遙不可及，就像振聯公司董事長曾秋聯，連拾荒都能看到垃圾裡的黃金，用正向的態度，有心就處處是機會；創業維艱，書中媽咪樂居家服務集團的龍耀宗，從運輸業起家，好幾次與死神擦身而過；專營重機械剎車來令片的宋秉虔，公司曾連續虧損十一個月，竟還遇到詐騙。本書提供創業的血淚經歷，足供後進者借鏡。

我始終認為，多努力一點、多忍耐一點、多提早一點，每件事能多做「一點點」，長久累積下來，一定會產生影響。書中十二位作者，正值事業發展巔峰，每天要面對的挑戰多如牛毛，仍不忘善用時間充實自己、進修EMBA課程，相信也是所有創業者最好的典範。

（本文作者現為全國中小企業總會榮譽理事長）

推薦序

# 平凡產生力量
# 堅持才能創造智慧

陳世哲

繼去年中山管院EMBA學生把他們的創業和經營歷程寫成《傳承．承傳》一書大獲好評（曾進入金石堂十大銷售排行榜！），第二本寶典《平凡的力量》接著推出！傳承上一屆學長姊無私分享經驗的精神。這次由另十二位學生撰寫出不同的經歷故事，書中每段創業故事的核心重點都是如本書副標題寫的「從〇到一」的創業歷程，因為是從無到有，所以本書特別珍貴。而今年也正逢本院EMBA二十週年，這本書的誕生，對於本院也格外有意義，代表著中山管院校友們都有著回饋母校的心。

創業本來就難，更難的是如何讓這個企業從沒有制度到健全的軌道。從書中，我們可以看出三個主要的重點：

第一，「魔鬼藏在細節裡」，如何找到魔鬼，然後消滅魔鬼，書中諸多的故事都提到這點，例如曾秋聯董事長在紙箱回收中，找出初期為何沒有利潤的原因；第二，「堅持的力量」，一個創業者如果沒有辦法堅持，往往就是半途而廢，鎩羽而歸，書中故事提到鐵板燒、減重名醫、蘭花大王等都是如此。他們都有顆無堅不摧、非贏不可的心，才造就他們自己的產業王國；第三，創業家一定需要「動見觀瞻」，了解市場與客戶，書中的百春陽建設以及黃昏市場的經營，都是看到市場與客戶需要，進而開啟了他們內心的商機。

中山ＥＭＢＡ同學都是來自各行各業的頂尖經營者，同窗切磋，藉由學理的基礎，淬煉自己的管理技能，從書中每章的最後一段都可以看到，大家在兩年間從老師與同學的互動中學習、體驗的成果。

讀完由國立中山大學管理學院ＥＭＢＡ-18中十二位同學的創業個案所集結的《平凡的力量》，給了我們非常多的啟示，其實他們都是不平凡的，力量更是非常強大的。希望未來中山ＥＭＢＡ能夠繼續延續這個傳統，把智慧結晶記錄下來，讓大家看到成功者是如何走過來的。

這本書也是獻給國立中山大學管理學院ＥＭＢＡ二十週年最佳的禮物。

（本文作者現為中山大學管理學院院長）

推薦序

# 平凡的力量　不平凡的淬煉

陳飛龍

外界用「十年一變」來形容六十五年屹立不搖與時俱進的南僑企業，其實關鍵之處是找到利基市場（niche market），洞見這世界將來可能有機會，但是現在還沒有開發的「東西」，它讓南僑可以日新又新的接續生存。因為產品只要定位清楚、具差異性，消費者就會主動探詢，不能光靠做廣告，而要靠時間累積、逐步得到消費者的認同。

企業要有危機意識，面對競爭者的挑戰，每三至五年就應思考如何轉變。而面對大環境氛圍的驟變更要敏銳，食品業在過去幾年遇上的食安風暴，更突顯消費者對權益的意識和關注，以及企業要能受到社會信任的重要性。南僑率先開發出「雲端溯源管理應用示範系統」，旗下杜老爺冰淇淋全品項系列，都能透過 QR Code 清晰揭露食材履歷及產品運送的過程。它的外溢效果，是台灣業者在食安風暴後選用食材更加嚴格慎選，作業流程更細膩嚴謹，有利於正派經營的原料供應商，讓整個市場產生正向循環。

面對多變的市場，產品在市場長久生存，絕不是靠低價，要能堅信的主張「滿足特定一群人的需求」才是競爭核心。此外，還要隨時因應市場的趨勢潮流。南僑從開發水晶肥皂、杜老爺冰淇淋、點水樓江浙料理、寶萊納餐廳等，都以滿足消費者的需求，為消費者創造全新的體驗，帶來驚喜。

中山大學管理學院EMBA，一個凝聚了青英與創業家的搖籃，他們把人生的創業和經營歷程濃縮在這本書裡，包括從內部控管的公司變革、人才培育到面對消費者的行銷技巧的經營智慧，都提供讀者很大的啟發。

在本書中，無論是用研發與創新，藉由個人的影響力把台灣活動舞台推向國際，成為國民外交典範的振聯董事長曾秋聯；或是不斷離開舒適圈，從零開始挑戰的減重名醫宋天洲，完成亞洲首例換腎後減重手術的創舉；以及代理德國HYDAC產品，創造亞洲第一佳績的宋秉虔，他們的成功奮鬥故事，見證了台灣的經濟奇蹟。

許多企業家在書中提到的問題，根據我曾擔任中華民國勞資關係協進會理事長的體悟，人才永遠是企業最重要的資產，和諧的勞資關係，是企業創造利潤的根基，更是社會穩定的基石。企業的經營要維持組織的活力不斷的前進，要經常能打破常規來思考，亦即歸零思考。對於產業市場則需時時敏銳，審時度勢，努力維持並拉大與對手的差異化，引領帶動產業的發展，在消費者心目中取得獨占價值的地位，隨時洞察先機，還要有知變、求變、應變的能力，才能讓企業「永續經營」，基業長青，永久立於不敗之地。

（本文作者現為南僑集團會長）

# 由傳承到接棒 用平凡的力量成為這片土地的祝福

林豪傑

這是中山EMBA同班同學的第二本書。二〇一六年，中山EMBA第十七屆學員合力出版的《傳承．承傳》一書，是台灣第一本匯聚EMBA同班同學集體智慧的專書，為EMBA教育開創了新局。

二〇一七年，中山EMBA第十八屆同學接棒，這些作者（包含十位企業家及醫師與律師各一位）以「誠心正意」為經、「修身自持」為緯，用「平凡」與「感恩」娓娓道出個人不平凡的經歷。他們都是現代的「企業士」，一路堅持、披荊斬棘，成就雖大、卻不自恃，財富雖多、卻不自私，為一切顛簸與困境感恩，視「利、義雙融」為經營之本，利人利己、造餅共榮。

《易經．乾卦》提到「用九，見群龍，無首，吉」。過去，許多人把「群龍無首」解釋為沒有領袖的團體會亂七八糟、是負面的，然而，這完全違背了易經視其為吉卦的道理。事實上，這句話真正的意思是，一個人要根據人生的不同階段做出調整，也要讓組織中每一個人成為龍、成為首，而不是唯一人是瞻。從書中十二位作者的創業歷程觀之，他們確實體現了「群龍無首」的真義，也藉此彰顯了每一個人生命的厚度與氣度。

過去一年來，「一起寫書、合力出版」成了EMBA圈的顯學，許多企業主與經理人開始站出來，分享他們的創業故事與經營智慧，期待個人的轉折與蛻變歷程，為台灣經濟的躍進盡一點棉薄之力。由此看來，當初推動EMBA專書的「初心」之一：薪火相傳，讓EMBA成為一個知識與學習的平台，將一點一滴的「小」力量轉化為社會的「大」動能，已經有了初步成果。當然，這只是一小步，欲達「薪火燎原」，仍需更多「平凡人」用「平常心」在各個角落不斷地「用九」，貢獻個人的心、願與智慧。

出版一本書很簡單，完成一本群智眾享的好書，則不容易。本書的出版要特別感謝中山管院陳世哲院長與林東清執行長的大力督促與支持，知識流出版社周翠如社長不計成本的鼎力協助、劉輝雄副總編輯耐心的執筆與潤稿，EMBA第十八屆魏米凰與林玉梅小姐無私的溝通與協調，以及許多幕後工作者的後勤支援。

德蕾莎修女曾說：「要用不平凡的愛做平凡的事」，彼得杜拉克認為：一個好的經理人必須「讓平凡人做不平凡事」。兩位前人的智慧是本書的基石，也是每一個企業家都需要具備的基本思維與修為。

（本文作者現任中山大學企管系副教授暨中山—同濟EMBA兩岸班主任）

# 曾秋聯

振聯股份有限公司董事長

「以誠待人，以客為尊。」

▲振聯（股）公司創立於民國51年（Since1962），迄今已55年歷史，且是ISO-9001品質合格認證公司。

PROFILE

## 曾秋聯

出生：1952 年

現任：振聯股份有限公司 董事長
漢林環保科技股份有限公司 董事長
帝壹統環保科技股份有限公司 董事
欣展環保有限公司 董事
國際扶輪區域扶輪基金協調人 RRFC.（2017~2020）

學歷：國立中山大學高階經營 EMBA 畢業
北京大學經營方略 EMBA 總裁高級研修班

經歷：台灣省資源回收商業同業公會聯合會 理事長
屏東縣資源回收商業同業公會 理事長
屏東縣商業會 常務理事
國際扶輪屏東東區社 社長（2009-10）
國際扶輪 3510 地區 總監（2013-14）

第一章

# 總統親臨參訪
# 拾荒拚出億萬家產

如果沒有資源回收，人類文明維持不了五十年，因為各種金屬已經挖掘、耗費殆盡，只能透過回收，不斷循環重複再製利用。資源回收業者，其實是大地的醫生、環境的守護者，也是人類文明得以永續的功臣。

一張廢紙、一台報廢電視機、電腦、汽車，都蘊含我們得以生生不息、再起的力量，有人將這樣的力量釋放出來，再製成我們可以利用的物品。

在他手中，垃圾變黃金，回收處理廢紙的振聯事業版圖遍及中、南台灣，成為台灣環保署的示範廠商，更是正隆紙業最大廢紙供應商，只要在網路搜尋輸入「廢紙」，就能找到曾秋聯的名字。

二〇〇五年，振聯公司成為台灣第一家擁有 ISO-9001 認證的廢紙資源回收再生處理廠；但台灣第一似乎還滿足不了曾秋聯，他決定將工廠升級，將設備整頓到足以面對國際市場。事業版圖愈做愈大，代表要照顧更多的員工生計，除了善盡企業責任之外，並投入公益領域，早期妻子高鳳珠參與慈濟業務不遺餘力，後來曾秋聯全力投入國際扶輪。

從社長到地區總監，最近更被遴選為全球只有四十一位的區域扶輪基金協調人，一路走來在國際扶輪發光發熱，已三次獲派代表國際扶輪社長身分到日本訪問，藉由個人的影響力把台灣活動舞台推向國際，成為國民外交的典範，他就是本文的主角：振聯公司董事長曾秋聯、亦即是扶輪界享有盛名的William Tseng。

## 父親驟逝臨時接班 二十六歲獨挑大樑

曾秋聯是台南鹽水區舊營人，上面有兩個哥哥和兩個姊姊，兄姊都很會讀書，後來都進入公家機構；唯有他對「讀書」沒什麼興趣，讀完新營興國中學後，就跑到屏東跟著父親一起學做生意。

當時資源回收生意，這行業稱為古物商（舊貨商），不過父親經營的是盤商（古物商的上游），他們於一九六二年在屏東地區成立振聯公司，向各回收商收買廢紙，揀選整理後，再轉賣給造紙工廠，賺取中間的價差。

▲曾秋聯董事長熱心公益，各界感謝狀琳瑯滿目。

▲曾秋聯參與扶輪之子（清寒學生）認養捐贈活動。

▶曾秋聯身為國際扶輪社員（社名：William），擔任過扶輪社社長、地區總監、助理扶輪協調人、扶輪基金協調人等要職，此圖是他在國際扶輪總部（美國芝加哥）發表演說。

▲感恩的心，曾秋聯夫婦待人處事總是抱著感恩心。2013-14年度總監卸任，以一生一世的感恩來感謝大家的付出。

父親為人海派、重情重義做人實在，跟各回收商很能打成一片，因此在眾人推舉之下，還曾經當選屏東縣資源回收公會理事長；但也因為海派，出手闊綽大方，加上大環境不好，因此並沒賺到什麼錢，反而因應酬太多影響身體健康。

雖然父親經常應酬、晚歸，但是家教甚嚴、不允許兒子這樣做；曾秋聯回憶兒時，他只要晚歸一小時，第二天清早就會被父親處罰早起一小時，依此類推，時日一久，養成他作息正常的好習慣。一直到現在，他菸酒不沾，定期運動，身體極為健康，而且很重視「家」的觀念，現在是一家三代同堂，家庭和樂，因而他也當選過高雄市的模範父親；他說，這一切都要感謝他的父親。

二十三歲退伍後，曾秋聯隔年就結婚，妻子高鳳珠當時是屏東市公所財政課職員，但竟然一相親就願意和他交往，岳父當時擔任里長，算是當地有頭有臉的人物，曾秋聯很靦腆說起當時相親的情形：他家窮，但女方各方面條件都很好，但就如同鳳珠阿嬤說：「現在家沒有錢、房屋舊沒關係，只要認真打拼、以後舊房變新房給我們鳳珠住就好。」曾秋聯很投高家的緣，結婚後第二年，老大出生；隔年，老二緊接來臨，但三個月之後，卻突然遭逢父親過世的厄運。

原來，父親到嘉義出差結束後，臨時興起想上阿里山走一走，殊不知，平均二千二百米的海拔，氣壓低、溫差大，平時有心血管疾病的人臨時由平地直上阿里山，恐會適應不良，果不其然，父親因心肌梗塞猝死於山上，死時，才五十五歲。

## 努力打拼做生意 每天跑三點半

噩耗傳來，舉家一片哀嚎，但曾秋聯上山迎回父親靈柩後，沒有時間多哀傷，因為突然之間，父親的重擔已落在他的身上了。

父親過世前不久，彷彿有預感似的，曾召集了一次分家會議，把他和兩個哥哥、兩個姊姊找來，大意是說，現在家產和負債相抵大約等於零，只留下一個廢紙盤商的生意，只是損益兩平，他死後也沒什麼好分的，要大家各自努力前程。

兩個哥哥、兩個姐姐都有很好的公家機構工作，生活穩定，自然不可能放棄公職；所以接下家裡的事業就落在曾秋聯身上，他沒有任何選擇，扛下了重擔；於是他答應父親，會接下他的生意，讓父親免於遺憾，同時可繼續照顧長久以來跟他們合作的工作夥伴。分家會議後沒多久，父親就猝死於阿里山。這年，曾秋聯二十六歲，突然之間成為老闆，但卻是一家沒有資產的老闆。

▲曾秋聯邀請來台參加會議之國際扶輪理事們到南台灣做文化之旅，藉機宣揚我們的文化。

▲中山大學EMBA-18 師生企業參訪課程，蒞臨漢林環保科技（股）公司，由曾秋聯親自簡報（右一是管理學院李院長）。

▶國際扶輪社長(John F. Germ)賢伉儷來漢林公司參訪，與曾秋聯夫婦合影。

◀曾秋聯與夫人獲得扶輪基金捐贈最高榮譽：AKS會員（捐贈25萬美元以上），此圖是在芝加哥RI總部與RI社長等合影。

▶曾秋聯代表國際扶輪社長出席日本扶輪地區年會，備受禮遇，我們的國旗懸掛於會場。

果然不出所料，一接手就舉步維艱，先前經營十年白忙一場，毫無利潤。這樣的生意，曾秋聯大可以隨時放下就走，但因為對父親的承諾，他決定堅持到底，咬緊牙關撐下去。但怎麼撐就只能是「借錢」，而這一借，就是十幾年。

借錢過程中，印象最深，也最感謝的是父親一位住在鹽水的世交，名叫柯×；這位長輩也許是欣賞侄輩勇於接手父親的生意，且做人古意實在，又沒有不良嗜好；所以不用任何擔保就借給曾秋聯很多錢，少則數十萬，多則千萬。在那個一棟透天厝才值幾十萬元的年代裡，可都是大數目，但柯×始終不擔心，因為他看到曾秋聯專注於本業，對於這個子侄輩，他有信心。

果然，曾秋聯無論借貸多大的數目，都準時返還，對誰都一樣，長期累積下來，獲得上、下游廠商的信任。曾秋聯雖然到處借錢，但也借出信用來，而且風評很好，大家都稱讚他，因此他的生意也愈來愈好。

## 為何賺不到錢 頓悟開始翻身

但生意很好，卻賺不到錢，曾秋聯百思不得其解。他開始可以體會父親的辛苦及無奈，父親幾乎是經營一輩子，到最後僅落個損益兩平、勉強度日的下場，現在他接下這個爛攤子，難道還要重蹈覆轍？於是他下定決心，了解哪個環節出問題，是什麼原因讓他白忙一場？他的成功祕訣與心得詳述如下：

## 1. 加強防弊，防阻損失。

曾秋聯來自基層，深入追查以後，終於發現損失的原因：例如有些小盤商賣給他的廢紙，會故意添加一些水以增加重量。

其次，外包的司機將整理好的廢紙交到紙廠時，中途會繞道私自偷賣一些，重量雖不多，也許只占百分之五的比率，但日積月累下來就是一筆可觀的數字。

當時因為自己沒有地磅，收貨進來時到外面地磅秤重，造成司機有機會到外面偷賣；出貨時又如法泡製再勾結一次，那等於一隻牛被剝兩層皮，利潤都被吃光了。

難怪父子兩代都賺不到錢，表面上他們是老闆，其實是扮演免費長工，為這些貪汙舞弊的員工賺錢，還到處借錢發薪水給他們。他終於恍然大悟，領悟到「人精厄治，生意學會無本通做」的真理。（編註：台語，指精明狡猾的人難以防治，等你弄清楚為何被他騙錢導致生意虧損後，想要東山再起，但已經無本可翻身了。）

## 2.建立品檢，加裝GPS系統。

一旦道理想通，曾秋聯痛定思痛，從「防弊」開始。

首先建立品檢系統，針對回收商送進來的廢紙全面抽檢，若有滲水的，按照含水比例扣除重量。另外，自己設置地磅、並加強軟體監視系統，交貨時一律都過磅，再與客戶端的地磅重量對照，而且定時校正，防止司機勾結地磅人員舞弊。

其次，購置打包機，把揀選後的廢紙打包起來，一包一包捆得扎扎實實、方方正正，就像個立方體大木箱一樣；不僅容易堆疊、運輸方便、成本較低，也可以徹底防止司機中途偷料盜賣，因為交貨算件數，一件都不能少，而且重量掌控，自然沒有上下其手的空間。

運用打包機打包廢紙，這也是曾秋聯在業界的創舉，由於立意新穎、效率倍增，因此以後業界紛紛跟進，就這一點而言，曾秋聯也算發動了一場「技術革命」，走在業界先端。

最後，車輛全面加裝GPS及行車影像即時傳輸系統，連結公司電腦遠端監控，以便總公司即時掌控行車動線、時程，完全不留一點可能舞弊的時間、空間。曾秋聯自豪的說，加裝此套系統以後，他們回報給客戶的交貨時間，甚至可以分秒不差，司機行程完全在掌控內，公司全盤瞭若指掌。

## 3.從螺絲開始的管理哲學，一絲不苟的精神。

曾秋聯真正累積的財富是對公司的管理，連攸關隱形成本至鉅的各種工具車輛維修保養他都不馬虎，以運貨車輛為例，每輛車都有自己的維修管理清單，從螺絲零件、輪胎到汽油使用量，都清楚記錄。並將公司內所有的器材零件，都用代碼依使用里程列成耗損表，輸入電腦做履歷管理，以此做出大數據，了解究竟是人為疏失，還是零件不良或是用了贗品（副廠）導致經常停機維修，藉此不僅增加效率，也省掉了很多浪費支出。

曾秋聯指出，論件計酬、績效獎懲，深入細節「抓浪費」、「防呆」，成本效益浮現，管理就不是問題，這也就是要賺「管理財」，一種能讓全部員工都學會珍惜的管理方法。這些做法對工作時程與成本的管理大有幫助，除了有效減輕主管幹部的負擔，也讓員工把公物當成私物愛惜，不管是人力或物力都省下大量支出，也間接透明化公司對基層的管理。

## 4.賞罰分明，創造雙贏。

曾秋聯愛護員工有加，但專業要求卻一點也不寬鬆。妻子高鳳珠舉例，如果工廠地板跑出一根鐵絲，曾秋聯就會立刻責罰幹部，因為鐵絲會纏住堆高機。這麼做雖然嚴格，但成功都來自對最細微的謹慎，這種精神更加強調凡事追逐第一的決心。

另外，獎罰分明的曾秋聯，在公司內採取績效制度，連司機的管理都可以量化，以量計酬；他認為不能讓員工有吃大鍋飯的心理，除杜絕員工懶散之外，更可增加效率並提高員工薪資。

## 5.不恥下問，追根究柢。

小時候好奇心就相當重的曾秋聯，遇到不懂的地方就會打破砂鍋問到底，直到獲得答案才肯罷休，這也養成他凡事追根究柢及不恥下問的習慣。例如當他發現廠裡有螞蟻時，就會追著跑，想知道螞蟻的窩在哪裡？否則只是噴藥在螞蟻出現的地方，絕不可能完全消滅。他深信，所有魔鬼都藏在細節裡。

# 專注本業，勇於投資設備
# 以誠待人，以客為尊

就這樣，本來在主場一直沒有優勢的曾秋聯，下半場開始形勢逆轉，轉瞬之間，彷彿吃了大補丸似的頻頻得分，開始正常獲利，再也沒有虧損過。曾秋聯回憶，自從一九八四年他引進打包機、建立上述防弊機制，到一九九〇年引進第二台打包機後，公司營運更有起色；二〇〇四年更引進全國第一台「廢紙分類自動輸送打包機」，創每月廢紙處理量最高峰，公司總算開始穩定獲利，有了信心才敢逐步擴廠、進軍其他品項的回收事業。

公司業務上軌道之後，很多人找他投資，甚至有很好的機會到大陸發展，但曾秋聯都拒絕了；不是投資案不好而是他堅持本業，就像他不碰股票一樣，他認為不是自己的專長，而且他也看到周邊很多朋友，到大陸賺了錢卻失去了健康或家庭。

但是，若有新機器或設備有益於公司的生產效率，他的投資一點也不手軟；例如早期的回收處理作業，主要靠人工方式打包、搬運，但為了升級，他率先購入全國第一台廢紙自動打包機、移動式油壓抓斗；他經常遠赴歐洲、美國，只為購買更先進的環保回收處理機器。另外，他也會津津樂道，當銀行的行員還在使用算盤時，他的辦公室已在使用卡西歐（Casio）計算機。

主動幫客戶解決問題，尤其對中低收入的客戶，更是給他們方便，堅持所有交易只用現金，不占別人便宜。甚至下游廠商要購地，他幫廠商出資，因廠商不方便掛名就用公司名義購買，後來土地增值一倍，他也是分文未取就過戶給廠商，即使代書說，這地應該是你的，但曾秋聯不為所動。「以誠待人，以客為尊」是公司的信條，高掛在公司辦公室牆上。

## 擴大事業版圖
## 進軍家電回收領域

二〇〇六年，曾秋聯和友人合股，在台中成立「帝壹統環保科技股份有限公司」，專司負責廢汽機車、廢鐵罐回收處理作業，這是由環保署委託的回收處理廠商，全台灣目前只有四家。現場採取自動化作業，從進料、分離到揀選，全部由機械完成，廢鐵揀出率接近百分之九十九（幾乎達全面回收），全部送煉鋼廠回收再製。另外，回收的銅、鋁等金屬皆分類利用，每天最高可以處理的總重量約八百公噸。

家電主要是電視機、冷暖氣機、冰箱、洗衣機，這些報廢家電，早期被許多人利用暗夜無人之際倒入山坡，或是堆在河邊、沙灘、田野，不僅對環境造成傷害，溢出的有毒物質也危害人體健康。

所以，環保署從一九九七年公告，上述家電強制回收，並由生產或輸入者繳付回收基金，補貼給資源回收處理業者，當然，光靠補貼是不夠的，業者必須設法靠自己從中挖出寶來，才有利潤可言。

曾秋聯於是在二〇〇九年成立「漢林環保科技股份有限公司」，除了處理廢家電，也兼處理回收的資訊產品，例如監視器、筆電等，連照明光源如廢日光燈（管）也是營業項目，這些燈管裡面都含有毒物質汞（水銀），必須回收避免汙染；因而特別自瑞典引進回收設備，除了減少毒害，更把垃圾變成黃金。

位於高雄大發工業區的漢林廠，現場許多廢棄家電、資訊產品堆疊整齊，很難想像這是一個粉碎處理工廠，但就是在這裡，數量眾多的再生原料，如塑膠、銅、鐵、鉛、鉛、錫等金屬被篩檢出，重新投入再製生產線，確保了資源的永續供應及利用。

此外，堅持只做「良心事業」的曾秋聯，以誠信為原則，不但摒棄了環保事業中常見的陋習陳規，並用機器取代人工，處理一輛廢棄的汽車只需要一分鐘就可以完成。此外，他還有一個十分特別的經營觀念：廠商交貨愈多，給的價格就愈高，因此造就了大者恆大的事業版圖。

曾秋聯經營資源回收事業有成，甚至有媒體以「擁有上億資產的拾荒業者」為題來報導他，遠在澳洲求學的兒子在當地看到電視跑馬燈，打電話回台報告，名聲同時震動高層，也引起當時的陳水扁總統注意，特地於二〇〇四年南下屏東萬丹工廠參觀；他集團旗下的企業曾榮獲十大潛力金炬獎，不僅是營業績優、繳稅模範廠商，也屢獲國稅局表揚。

## 大難不死 為公益而活

回顧過往，曾秋聯滿懷感恩之心，因為，曾九死一生，又逢凶化吉。

曾秋聯曾經發生過兩次大車禍，第一次是結婚不久，妻子為了讓他跑業務方便，特別賣掉結婚首飾，幫他買一輛福特跑天下新車，但不到兩年，他因疲勞駕駛睡著導致逆向行駛，一頭撞向對面的大貨車底盤裡。整個車頂像被利刃切過一樣，刮得整整齊齊，旁觀者紛紛圍上來，認為他應回天乏術，沒想到他由車底爬出來，幸運的只受輕傷。

第二次是載著兒子北上桃園談業務，他開車在高速公路白河路段上，天雨路滑又積水，造成他整個輪胎懸浮、高速左衝右擺盤繞了幾圈，還好沒撞上任何分隔島或護欄，只是車頭朝向正後方，幸好後方沒來車，他趕緊把車頭打正，繼續北上行駛。

「真的是千鈞一髮，」他說，第一次車禍只要一個角度不對，他應已慘死輪下；第二次車禍只要後方來車緊跟，父子倆可能就同赴黃泉了。至今回想仍心有餘悸，也使他領悟，上天讓他大難不死，必有大用，因此他時時刻刻想著要回饋。

妻子高鳳珠本身就是慈濟人，投身慈濟慈善已經好多年；而曾秋聯自一九九九年加入扶輪社，則是他另一個具體回饋的開始。從社區服務和地區、國際服務做起，幫助貧窮和弱勢，捐獻、勞動、知識分享，以及和國外的扶輪社互動交流。

二〇一三至一四年，他擔任國際扶輪三五一〇地區總監，當時受到扶輪長官的鼓勵支持以及對自我的期許，設定扶輪社員的成長目標要超過百分之五十、扶輪基金捐獻目標要達到一百二十萬美元。很多人認為誇誇其談，但他為了達到目標，以身作則率先捐出三十萬美元，接著再攜手妻子，風塵僕僕拜訪區內七十三位社長及夫人，在他之前，這是前所未有之事。

樸質的作風加上真誠懇切的言行，曾秋聯感動了諸多社友，終於，扶輪社員人數增加了一千六百六十五人、成長百分之七十三，扶輪基金捐獻超過一百二十六萬美元、成長突破百分之一百二十，且鉅額捐獻人達八十二位、成長百分之三百一十的亮眼成績，因此締造了扶輪兩個「世界第一」的紀錄，這個成績遠高於他對自己的承諾。

由於這樣出色的表現，二〇一四到二〇一七年，他獲選為國際扶輪 10B 地帶（包含台灣、香港、澳門、蒙古）助理扶輪協調人，二〇一七年更上層樓，被遴選為第 9 地帶區域扶輪基金協調人（RRFC），已於七月一日正式上任。

這是莫大的肯定，因為全球扶輪社總共分為四十一個區域，也就是全球只有四十一個人有此機會，他也是台灣中部以南第一人獲此殊榮。這個職位可以榮耀的參與國際扶輪總部，以扶輪基金對於國際社會和平、親善、人道救援等獎助計畫的協商及分配，足見其在台灣扶輪界所獲得的推崇及代表性地位。

## 飛越兩岸攻讀EMBA 展開新的五年計畫

事業有成之後，他反而居安思危，怕孤陋寡聞會危及企業未來發展，因此決定走出事業舒適圈，再度闖蕩江湖，活到老、學到老，這次的「江湖」是學校。他一下子報名讀了兩個EMBA，一個是北京大學，一個是高雄中山大學，連續兩年，就這樣每週飛來飛去。其中所獲得的知識經驗、管理技巧，及人脈網路的累積，讓他大開眼界。

他說，要將所學記在腦海裡，讓它自然發酵，等遇到困難時就可以派上用場。目前北京的EMBA研修班已經拿到結業證書，二〇一七年六月，他也從中山大學高階經營EMBA第十八期畢業。

他最欣賞的企業家是王永慶，而王永慶影響他最深的是：「論件計酬」、「績效管理」。他主張，同工不同酬，因為每個人績效不一樣，所以他創業後，所有的管理制度都建立在「論件計酬」、「績效管理」的基礎上。此外，因為論件計酬，因此每人的薪水都不一樣，曾秋聯也親手導入企業ERP，能精算到每個工作小組、每人的績效狀況。

由於他個人堅持「以誠待人，以客為尊」的經營理念，時間一久，也養成了「誠樸、實幹、信諾、不欺」的公司文化。成立五十五年來，始終如一，這也是他公司最大的商譽與價值。

他預計在未來自國外引進世界級最新機台，讓有效揀選率更高、處理量更多，也為台灣的環境保護與資源永續投注更多心力。大家期待他能獲得更大的成功，因為他的成功，同時也是所有台灣人的成功。

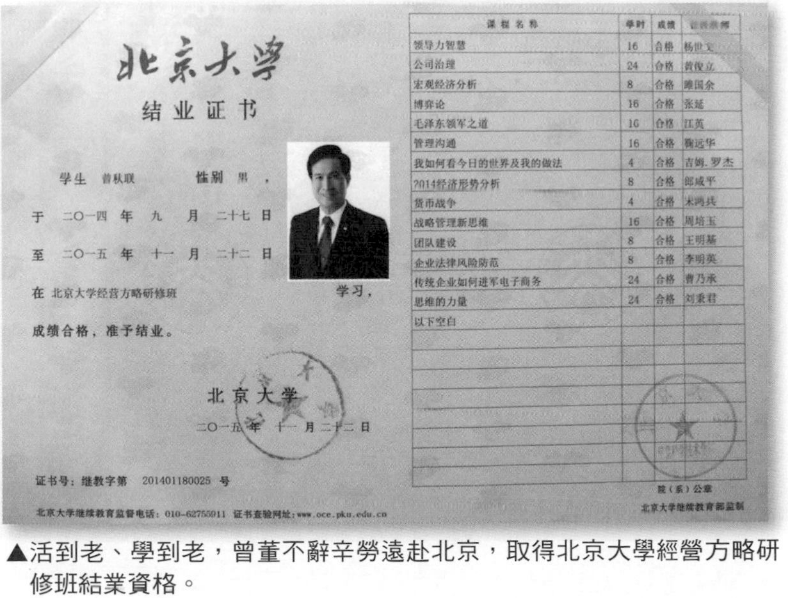

北京大學
结业证书

學生 曾秋联 性别 男，
于 二〇一四 年 九 月 二十七 日
至 二〇一五 年 十一 月 二十二 日
在 北京大學经营方略研修班 学习，
成绩合格，准予结业。

北京大学
二〇一五 年 十一 月 二十二 日

证书号：继教字第 201401180025 号
北京大学继续教育监督电话：010-62755911 证书查验网址：www.oce.pku.edu.cn

| 课程名称 | 學时 | 成绩 | [illegible] |
|---|---|---|---|
| 领导力智慧 | 16 | 合格 | 杨世文 |
| 公司治理 | 24 | 合格 | 黄俊立 |
| 宏观经济分析 | 8 | 合格 | 雎国余 |
| 博弈论 | 16 | 合格 | 张延 |
| 毛泽东领军之道 | 16 | 合格 | 江英 |
| 管理沟通 | 16 | 合格 | 鞠远华 |
| 我如何看今日的世界及我的做法 | 4 | 合格 | 吉姆.罗杰 |
| 2014经济形势分析 | 8 | 合格 | 郎咸平 |
| 货币战争 | 4 | 合格 | 宋鸿兵 |
| 战略管理新思维 | 16 | 合格 | 周培玉 |
| 团队建设 | 8 | 合格 | 王明基 |
| 企业法律风险防范 | 8 | 合格 | 李明英 |
| 传统企业如何进军电子商务 | 24 | 合格 | 曹乃承 |
| 思维的力量 | 24 | 合格 | 刘秉君 |
| 以下空白 | | | |

院（系）公章
北京大学继续教育部监制

▲活到老、學到老，曾董不辭辛勞遠赴北京，取得北京大學經營方略研修班結業資格。

## 那些EMBA教會我的事

- 所有的管理制度，都可應用並建立在「論件計酬」、「績效管理」的基礎上；同工不見得同酬，因為每個人績效不一樣。
- 導入企業ERP，可以協助精算到每個工作小組和每人的績效狀況，並以此論件計酬，因此每個人薪水都不一樣。
- 攸關隱形成本至鉅的各種工具車輛維修保養，例如堆高機、夾紙車、貨車等，企業都要逐一為所有重要零件編碼，輸入電腦做履歷管理，以此做出數據分析，了解究竟是人為疏失，還是零件不良導致經常停機維修。
- 績效管理制度應深入細節「抓浪費」、「防呆」，如此一來成本效益就浮現，管理就不是問題。
- 建立品檢系統，回收商送進來的廢紙，全面抽檢，若有滲水的，按照含水比重扣除重量。

●自己設置地磅系統，交貨時都過磅，再與客戶端的地磅重量對照，並定時校正，可防止司機蓄意勾結地磅人員舞弊。
●交貨車輛全面加裝GPS及行車影像即時傳輸系統，連結公司電腦遠端監控，可以即時掌控行車動線、時程，完全不留一點可能舞弊的時間、空間。

# 葉富崇

ART 101美髮沙龍集團 執行長

# 「揮別黑白、剪出精彩，讓顧客找回自信！」

▲葉富崇以高雄市美髮界傑出代表身分，受邀至總統府晉見總統。

PROFILE

## 葉富崇

出生：1966 年

現任：ART 101 美髮沙龍集團 執行長

學歷：國立中山大學 EMBA

經歷：台灣十大美髮傑出講師、教育部美髮技藝達人、榮獲第 13 屆高屏區傑出經理人獎、高雄中興扶輪社社長、樹德科技大學流行設計系講師、擔任過全國性各大比賽評審、以高雄市美髮界傑出代表身分受邀至總統府晉見總統

專長：色彩形象定位、整體造型設計、行銷策略管理

## 第二章

# 榮獲總統肯定
# 建立「美的產業」王國

一把剪刀，可以剪出什麼？剪一個短髮，或單純理一個平頭？還是剪掉黑白，打造一個俐落的髮型，讓自己看起來更加帥靚，重拾信心？世界上最難的，大概就是「幫助人找回自信」的工作吧？因此在歐美公認，減重醫師和髮型設計師幾乎有相同重要的地位，因為他們做的是同一件事：「幫助人找回自信，而且量身訂製。」

ART 101美髮沙龍執行長葉富崇從進入職場開始，就是靠一把剪刀，一直到現在，多少青春歲月在刀剪下遊走，多少煩惱在刀剪下一一理順，從一家小店面開始，到現在成為連鎖企業，幫助過多少人「無精打采進來，容光煥發離去」，每次看到客人心滿意足地趕赴下一場約會，那是他心中最大的驕傲與成就。因為，人存在的價值，就是利他共生；企業存在的目的，就是幫助客戶尋回自己的價值。

## 外婆賣冰哲學
## 做生意要想在顧客之前

葉富崇小時候雖跟家人住在一起，但他並無法「完整」地擁抱那個家，原因是家長工作的關係。父親是當時台灣機車總代理，業務正在起飛階段，要全島東奔西跑，為了小孩子完整的教育著想，決定把三個小孩子寄養在親戚家；結果他和二弟住在外婆家，小弟則住在姑媽家。

外婆是賣冰的，每天凌晨三、四點就得起床張羅，他也跟著早起幫忙，所以從小就知道做生意的辛苦；外婆賣不完的冰品放冰箱，他會拿出來四處找市場上擺攤沒賣完的東西做交換，這樣以物易物，也替外婆節省了不少生活開支。

外婆所受的教育不多，但從外婆身上，他學到刻苦、耐勞、腳踏實地，世上沒有不勞而獲的事情。外婆常跟他講的一句話，讓他終身受用：「做生意，要想在顧客之前。」別人都想得到的，我們就不用做了；要創新、塑造自己獨特的價值，才有機會。這句話與現代「紅海、藍海」不同的競爭策略，不謀而合。

外婆與媽媽去洗頭時，他都會跟著去；因為從小對什麼事都好奇，連看到剪下來的髮

◀ ART 101 旗艦店，驚豔同業，斥資 1 億 8 千餘萬元。

▶執行長平時著重職場教育訓練。

▲ 2006 年教育部技職達人專訪影片。

▲美國標榜學院執行長參訪 ART 進行學術交流。

▲生命中的靈魂伴侶。

▲葉富崇工作之餘不忘陪伴家人旅遊。

絲也好奇，他會幫忙打掃，樂此不疲，以至於理髮店老闆都跟外婆與媽媽講，你這個孫子很聰明，放學有空可以來幫忙。

結果他真的跑去理髮店幫忙，而且剛滿十八歲時，他就跟外婆說要去學美髮。那時他白天就讀機械工程科，晚上跑去美髮店打工，白天摸機械，雙手一身黑，晚上幫客人洗頭，又回復潔白，因此他說自己那段時間是：「白天黑手，晚上白手。」畢業後，心裡掛念的還是美髮。

在那個仍算保守的年代，一個大男生跑去學美髮，整天摸女人家的頭，的確讓長輩們有一些意見，最後他終於說服父親，讓他試試看；於是積極北上尋師，剛到台北找到一家美髮沙龍願意收他，就立刻決定住下並展開「三年四個月」的學徒生活。

他是這家美髮沙龍唯一的男性，於是自告奮勇，每天一大早就到公司開鐵門、整理就緒、開燈……，準備好迎接第一個客人；看在對面早餐店老闆的眼裡，很是感動，有一天，早餐店老闆對美髮沙龍老闆娘稱讚了他幾句，老闆娘開始注意到他的努力、認真，於是逐漸教他一些真功夫及手藝，他的學習也開始更上層樓。

## 以客戶需求為導向
## 適宜髮型永不退流行

當時的髮型設計師同事有上海人、日本人，他發現兩者的經營理念完全不同：上海同事只求有生意做，頭髮先剪了再說；日本同事則會對客人先做解說，建議適合髮型之後再剪，因為希望客戶滿意，下次會再光臨。再加上外婆跟他說，做生意要長長久久、細水長流；因此他領悟到做生意的竅門：以客戶需求為導向，幫助他找到適合的，就會願意消費。

放假回高雄時，他去找外婆，開心地為她燙髮塑造了一個台北最新流行的髮型，回到台北後得意洋洋地打電話給媽媽，問問外婆及鄰居的反應，結果電話那端傳來的回答：「第一天是還好啦，但接下來，外婆每天都戴帽子出門」。讓他原本在雲端的一顆心，盪到谷底。

後來外婆跟他講了一句話，他也終身受用：「流行是不錯，但適宜的髮型永不褪流行。」原來，流行不能離開實用與適宜。在日常生活中，「不方便」的東西永遠沒有生存的土壤，無論它如何標新立異。

這句話，讓他原本陶醉在台北流行之都，從凡事強調求新求變的氛圍中猛然警醒。於是，他開始思索、研發，針對不同的人、頭型、面相、職業、場合……，設計出不同的髮型與造型；原來外婆的想法，竟蘊含如此深層的智慧與力量。

退伍後，他先回到原來台北工作的髮廊，繼續待了一年。但因為思鄉情切，再加上女友在高雄，毅然決然揮別台北滿地黃金的賺錢機會，回到故鄉打拼。

◀榮獲 2016 年高高屏傑出經理人獎。

▲公益活動——世界展望會。

▲受邀至教育電台專題演講。

▲每年會帶著員工旅遊與進修。

▲ 2013 年在高雄漢神巨蛋為罕見疾病募款活動。

▲泡泡龍天使劉佩菁，親筆畫致贈葉富崇夫婦的肖像圖。

創業時，與台北一位同事合夥，兩人在高雄苓雅區武廟附近租了一個小店面，就開始動起刀來。由於是台北下來的設計師，再加上地點不錯，於是很快建立口碑、口耳相傳開來，生意好到不行，曾經忙到連續六個月只休一天。

立了業，也渴望成家，但準岳丈不答應這門親事，原因是嫌他大男人做美髮，陰陽不順，怕搞花心；他抓準岳丈是軍人出身的心理，於是請了也是職業軍人的姨丈前往說媒，果然，同袍相見，同仇敵愾，胸膛一拍酒一喝，這門親事就敲定了。

## 面臨經營十字路口
## 老婆是生命中貴人

老婆牛鳳美女士，現在同時負責ART 101人資管理部門，葉富崇說，老婆一直是他生命中的貴人，多少次面臨經營的十字路口，她給予建議，才能安然走過，又有多少次稍有成就，她及時提醒勿志得意滿，才讓他居安思危……，葉富崇說，沒有她，也許他的人生會是另一番光景。

第一次開店很成功，但貧賤相處易、富貴相處難，錢賺多了，量變就產生質變，合夥人之間開始有了理念不合的心結。葉富崇很有風度，你要，就給你吧。於是他把好不容易做起來，辛苦建立口碑的第一家店就這樣讓給合夥人，自己另外再找新店面，重新張羅事業。

要開第二家店時其實很缺錢，但是命運安排一位貴人出現，至今他仍記憶猶新。有一位住在美濃的客人，聽說他要獨立出去開店尚缺三十萬元，結果第二天，人就把錢送來，不要求回報，沒有利息，也沒有說歸還期限。當然他後來還了這筆錢，但當初那份無私的信任、關懷的友情，令他感動回味再三。這位貴人連名字也沒留下，只是偶爾上門的客人，居然就如此相信他；他至今仍稱呼這位貴人為「美濃人」。

雖然獨資開了這家店，但依然因為生意太好引來覬覦；店內兩位女設計師看他賺錢穩當，於是勾結房東寄出租約到期不續租的契約，逼他離開，然後兩位女設計師加房東共三人合夥，就在他原本苦心經營起來的店面繼續承做。但人算不如天算，她們接續經營後，不久便收店了。

被背叛的滋味是不好受的，尤其是自己親手教出來的設計師，但葉富崇明白，這就是人性，看透以後才能心無罣礙的繼續往前走。回首這段被出賣的歷史，葉富崇用寬宏的胸襟看待：「沒有她們的背叛，我就不會第三次開店，奠定我現在的基礎。」所以他說，任何人向你丟過來的石頭，你都可以拿來蓋房子。

## 赴歐、日觀摩學習
## 提升服務和同業區別

上天對一個成功者的磨難，只能用「神妙」兩個字來形容。有時看似祝福，卻是詛咒；看似詛咒，其實又蘊含祝福。在命運的交叉路口，端看你怎麼想。一念天堂，一念地獄。

葉富崇兩次開店，一次理念不合，被合夥人「請出」，好不容易天無絕人之路，遇到如中樂透般的夢幻奇蹟，路人甲願意無條件資助三十萬元讓他有機會東山再起，卻在旭日剛初升時，就慘遭員工出賣，一切化為烏有。

任何人處在這種情況，只怕都有理由可以自我放棄、沉淪。因為已盡力，但仍時不我與，悲嘆命中注定可能不適合做這一行，何苦跟命運之神作對？更消極的是，擁有看來此生與成功無緣的想法。

的確，一百人當中有九十九個人將有這樣的想法，進而選擇放棄，因為全世界最容易的事就是「放棄」，放棄後，一了百了，你與世界無關，世界沒有你也沒有關係。

但若有一個人不死心，那個人就是葉富崇。他不甘心就此失敗，早年北上學藝在父親面前的豪情壯志呢？外婆從小到大耳提面命的教訓呢？還有台北那個不計較自己出身，願意把所有技術都傳授給我的老闆娘呢？最重要的，對老丈人的信任託付、對老婆的幸福承諾如何交代？

這些，都一再煎熬他的內心。於是，打落牙齒和血吞，注定要成功的人沒有悲觀的權利，只能選擇戰場再次投入。就這樣，第三次開店已經是一九九六年的事了，這年，他三十一歲。

決定要第三次開店時，他痛定思痛，想法也就開始不一樣。前兩次開店，都是做「死工作」：洗、剪、燙、染、護、銷售，流程簡單，任何人只要學會基本手藝，加上一點小資金，都可以輕易進入這一行。因為門檻低，任何人都可以輕易跨過，甚至乞丐趕廟公，兩句話就把他掃到競爭的角落。

不過此時，耳邊再次響起外婆的話：「做生意要想在顧客之前。」他靈機一動，為何不找出這行可以增加的價值，當價值提升，就和一般同業有了區別，有了區別，門檻高低不同，競爭者就難以跨足匹敵。

## 導入「內部認證」設計師技術認證才執業

雖然葉富崇有這樣的想法，但當時台灣並沒有取經的對象，於是，他花了二、三年的時間到歐洲、日本去觀摩學習，看看人家怎麼做。結果大吃一驚，歐洲人上美髮院，喝茶或咖啡、報紙雜誌翻一翻、跟設計師聊聊心情與需求，頭髮也許沒做多少修理，但一結算竟折合新台幣八千元。

到日本一看，設計師要經過實際的技術考試認證後，才能掛牌執業，而且美髮業經營，有制度、策略，還有不間斷的在職訓練、研習，不光是剪剪頭髮而已。葉富崇對日本的經營理念尤其推崇，把服務細膩化、技術系統化教學，只要系統化就可以標準化，標準化就方便認證。

於是他決定導入「內部認證」制度，但當時台灣還沒有這種考試，他就自己執行。在他店內的設計師，一律要經過訓練、考核、四大認證（領導、技術、銷售、能量），然後才能以設計師之姿站在客戶面前，執起刀梳為客人做最佳剪裁。

如果顧客的滿意是一〇〇分，我們更要超越一〇一分努力，接著是服務面，以客為尊，一期一會，客人不知道何時會再來，但一定要讓客人心裡感動，產生「我下次一定還要再來」的想法，所以建立專業ＳＯＰ服務流程，從客人進門的問好、導引、上茶水……，一定要讓客戶有備受尊榮的感覺，要讓整個過程，就是一個「美」的饗宴，使客人剪掉三千煩惱絲，理順心情，燙平煩惱，容光煥發、充滿自信離去。

對每位上門的客人都心存感恩、虔敬、慎重之心，從頭到尾面露微笑以待。這就是他新的想法與觀念，並立刻導入執行。

第三次開店不久，員工就達到四十餘位，一九九八年再度導入ERP與CRM，透過企業資源規劃及客戶關係管理，業務不僅穩定，而且蒸蒸日上。一九九九年，葉富崇又到日本Tiya美髮上市公司觀摩學習，這家公司是日本最有名的髮廊，不但有產品研發、新娘彩妝、髮型設計、美甲彩繪等部門，還有產品模組搭配、行銷模式、客戶關係管理等課程，讓他眼界大開、獲益不少。

## 客戶分類加互動管理
## 回頭率大增

尤其葉富崇學到將客戶分類，區分鐵粉、忠誠、一般、初次，以及潛在等屬性，加以追蹤、關懷、互動管理，使得客返率大增，形成穩定的營業來源。就這樣，他創造了新的營運模式，走一條和別人不同的道路。別人剪髮，他剪心情；別人燙髮，他燙煩惱；別人染髮，他染快樂；別人護髮，他護健康；別人洗髮，他洗憂愁。

他的產品，就是積極、樂觀、健康、正能量，反映在ART101的經營理念，就是倫理、感動、期待、創新。

**倫理：教育職場及家庭倫理。**

**感動**：先感動自己，才能感動顧客。

**期待**：提供超越客戶期待的服務。

**創新**：流程不斷更新升級，追求內涵與效率。

二〇〇〇年，他步入新的里程碑，將店面整合後，以ART101作為集團企業名稱，同時，在高雄火車站附近建置旗艦店，店面有三層樓，從營業空間到行政管理中心、教育訓練中心、講師群、設計師助理學員群……，一應俱全，驚豔同業，連國內、外同行都來觀摩參訪，堪稱業界一大盛事。

二〇〇六年，更斥資一億八千餘萬元，購買現有位於中正二路建地，自地自建，並將總部及旗艦店搬到這裡，規模更大、服務更周全；由於強調「學習性組織」，因此教育訓練空間寬廣、軟硬體設備一應俱全，甚至還有員工樂團、圖書館、心靈禪修，除了可以增添慶生會的熱鬧氣氛外，對外做公益活動時也可派上用場。

現在ART101在高雄、台南、台中、新竹都有營業據點，集團也朝上市公開發行規畫前進；做美髮做到可以上市發行，這是葉富崇給自己人生下一階段訂下的目標與任務。

## 熱心公益
## 為弱勢老人、兒童義剪

事業之外，葉富崇對家庭生活可是一點也不馬虎：夫妻兩人一路相隨、互相扶持，人人稱羨。平常飯後外出散步，習慣性十指相扣，還常被友人看到拍照PO上網，夫妻恩愛不渝，傳為佳話。

葉富崇也常帶著員工，前往社區醫院、老人安養院、衛福部兒童之家、原住民部落，為弱勢老人和兒童義剪；有一年，造訪了一個山地部落，由於部落小孩說從沒有吃過麥當勞，很想嘗嘗看，於是他們事先買了一大堆麥當勞套餐，還兌換了好幾箱麥當勞玩具、凱蒂貓玩偶，全部帶到部落發給小孩，即便已事過境遷，當時部落小孩吃得津津有味、玩得興高采烈的模樣，猶躍然心頭、經久不忘。

有一次，罕見疾病患者缺乏經費請他幫忙，他二話不說就規畫了一個募款活動，聯絡客戶自願者登台走秀，員工樂團也出動，就在漢神巨蛋辦了一個義賣會，結果籌到一百多萬元給罕見疾病，幫忙度過難關。

為了感謝他的義舉，泡泡龍（編註：表皮鬆懈症是一種罕見疾病，俗稱泡泡龍，患者除全身長水泡外，水泡還會深入口腔內膜、內臟……，造成吞嚥困難，非常痛苦。）天使劉佩菁，還特別畫了葉富崇賢伉儷肖像畫送給他們，以感謝他們長久以來對弱勢的關懷、對公益的支持。

諸如此類的公益贊助，已經成為他企業的經常性活動，除了助人，也培養同仁的「悲憫」、「同理心」，這不僅是企業的價值，也是「人」的價值。

## 進入ＥＭＢＡ重新學習
## 結合理論與實務

本身就已經是台灣十大美髮傑出講師、教育部唯一頒發美髮技藝達人、高雄市美髮業界傑出代表獲總統接見的葉富崇，為了擴張自己學習及專業面向，仍決定進入中山大學ＥＭＢＡ就讀。這個過程，是他企業及人生一個重要的進階。

他很珍惜上課的時間及課程活動，絕不請假，從不蹺課，還盡量多修學分，除了求知若渴，更想圓一個讀書的夢；他很早就進入職場，所有的青春笑語盡在刀剪上化為碎片，不知掃向何方。他希望能重回校園，補足心中缺少的那一塊，也許人已不再年輕，但心態永遠飢渴、充滿活力，要把老師所教、同學所指點、交流所分享的，一點一滴、鉅細靡遺記錄下來。

課程活動，更是努力參加，例如代表中山ＥＭＢＡ參與商管聯盟商業模式比賽，即便四家來自創投的評審委員，個個手拿計算機、伶牙俐齒挑戰他的想法，不從雞蛋裡挑出一根骨頭絕不罷休，但他從容以對，舌戰群儒，頗有孔明入東吳的味道，終於全身而退，獲得評審一致的激賞。

葉富崇才發現，原來讀書如此有趣、好玩，以往不知道的很多經營管理手法或工具，例如五力分析、SWOT分析、樹狀圖……，EMBA都有教，可以讓他用來自我檢視，公司營運所遇到的主客觀競爭環境究竟利弊為何，以及更深入物流和成本結構的分析；將理論實際運用後，經營策略就逐漸成形，對於他公司的改善及獲利有很大的幫助。

另外，同班同學有兩位來自上市公司：「渾錩」和「集雅社」，葉富崇從他們身上學到很多實務上經驗，這些都是無價之寶；甚至，大家彼此交流，志同道合，還有同學邀請他去擔任獨立董監。他說，這一趟EMBA之行，不僅讓他大開眼界，重拾年輕，更讓他有了未來讓集團上市櫃的想法；因為，把餅做大，實現對員工的願景承諾，也有助於育留人才。

## 上市櫃是目標 造福顧客及員工未來願景

留人，一直是他心中的痛；早年，因為「被拆夥」而不得不獨立，獨立後因為「被背叛」而流離；好不容易安定下來後，也發生過店長帶著店員集體離開，顧客群跟著設計師離開的遭遇。

美髮業的進入門檻低，很多人學了一點功夫，剪了幾百顆頭，就開始自以為是的想在武林稱霸，於是旗下設計師，刀尖一轉可能就變成競爭對手。這就是他拚命要把餅做大的原因：讓資源可以共享，在這個ART 101大家庭，永遠有你揮灑空間、立足之地；他為員工想得很遠。

葉富崇認為，這是一個「美的產業」，美，是一種意志，因此，他強調，自己的工作就是透過美髮的設計與打造，喚醒人們心中的美。

在三十多年的美髮生涯中，葉富崇經歷過幾波旗下傑出設計師帶著客戶出走的情事，當下雖然經常心有不捨、甚至不甘，但還是秉持著宗教信仰，即便緣分已盡，仍然默默地祝福他們一切圓滿。

葉富崇說，當不再只想著賺錢，而是想著為員工付出、為社會奉獻時，冥冥之中反而感受到，無論做什麼事，都會有老天爺的幫助與最好的安排，事業反而蒸蒸日上，連自己都感到不可思議。或許，這就是最大阻力也可以是最大助力的道理吧！

葉富崇指出，中期目標，他要求自己透過文化與價值觀的薰染，從善盡企業責任開始、建立使命感、提供員工良好學習與成長機會，到員工回饋與企業的酬報，一步一腳印，建立企業的商譽及正面形象。

長期目標，則是實現公司上市櫃，但上市櫃不是目的，「學習」才是目的，「發行股票」不是目的，讓員工有歸屬感、價值感才是目的；持續向「大且好」的公開發行公司學習，了解人家基業長青背後蘊含的經營管理哲學，同時創造價值，讓員工與有榮焉，願意在此安身立命，這是他經營企業終極的目標與最大的滿足。

Tips

## 那些EMBA教會我的事

- 做生意要長長久久，細水長流。竅門就是以客戶需求為導向，幫助他找到適合的，他就會消費。
- 「流行是不錯，但適宜的髮型永不褪流行。」流行不能離開實用與適宜，在日常生活中，「不方便」的東西永遠沒有生存的土壤。
- 「做生意，要想在顧客之前」，要創新、塑造自己獨特的價值，找出這行可以增加的服務價值和同業有所區別；拉高門檻，競爭者就很難跨足進來。
- 導入「內部認證」制度，設計師一律要經過訓練、考核、認證，然後才能站在客戶面前，執起刀梳為客人做最佳剪裁。
- 創業導入ERP與CRM，透過企業資源規劃等及客戶關係管理，業務穩定、蒸蒸日上。
- 將客戶分類，區分鐵粉、忠誠、一般、初次，及潛在等不同屬性，加以追蹤、關懷、互動管理，往往使得客返率大增，形成穩定的營業來源。
- 讓公益贊助成為企業的經常性活動，除了助人，也培養同仁的「同理心」，這不僅是企業的價值，也是「人」的價值。

阮綜合醫院體重管理中心主任醫師

# 宋天洲

## 「成功不要建立在別人的衰敗上，要建立在自己的進步。」

▲宋天洲主任指出，目前常見減重手術有胃縮小、胃繞道、胃折疊手術等，一般術後兩天即可返家，術後搭配均衡飲食原則，就能減輕多餘體重及維持體態，擺脫惱人慢性疾病。

PROFILE

### 宋天洲

出生：1975 年

現任：阮綜合醫院體重管理中心主任、一般外科主治醫師

學歷：中山醫學大學醫學系、國立中山大學 EMBA

經歷：台灣減重暨代謝外科醫學會副祕書長、2010~2017 年腹腔鏡減重手術逾 800 例、糖尿病腹腔鏡手術 200 例、腹腔鏡切肝手術 100 例、2011 年實行亞洲第一例換腎病人胃繞道手術（發表於國際外科醫學期刊）

專長：各式腹腔鏡減重手術、肝膽胰胃腸手術、腹腔鏡疝氣手術、甲狀腺手術

第三章

# 亞洲首例換腎後減重手術 奠定台灣減重名醫地位

有人說外科醫師是上帝的執行長，其他行業若服務不好可以修補，貨物有差錯可以重來，但人體是金枝玉葉，一刀下去就是生死；每天在這樣的責任煎熬下工作，非有大智大勇者，不足以勝任。

優秀的外科醫生必須眼疾如鷹，心強如獅，手巧如婦（A good surgeon has an eagle's eye, a lion's heart, and a lady's hand）。出色的外科醫生必須心明眼亮和有一雙靈巧的手，執上帝之手，操刀救人，這還只是看得見的「技術面」；支持他站上手術台前的那份毅力、膽識等「隱形精神力量」，才是真正的幕後功臣。

現任高雄阮綜合醫院體重管理中心主任兼一般外科主治醫師宋天洲，每天站到台前救危存亡，退到台後精進省思；他的人生故事處處充滿驚奇與挑戰。

## 拋下二十多萬元月薪 另謀外科開刀工作

回想當年，宋天洲剛自中山醫學院畢業、順利考取醫師證照後，就進入高雄榮總擔任外科住院醫師。

算算從二〇〇二年到二〇〇七年，他前後在這裡就工作了五年多，歷經心臟外科、胸腔外科，最後到一般外科；但礙於人力資源等因素，遲遲等不到「開缺」，於是，決定轉往高雄市立聯合醫院擔任急診中心主治醫師，雖然救人無數，每天過著跟時間賽跑的日子，但是血液中「外科魂」的基因老是隱隱作祟，讓自己無法滿足於不動刀的現狀。

歷史不斷循環，終於有一天，當沸騰滾湧的思潮再度來襲，他毅然拋下二十多萬元的月薪，離開兩年來的舒適圈，另謀它職，因為內心的聲音不斷告訴自己：「該離去了」。宋天洲回想，當時面臨兩個南轅北轍的選擇，一是南下屏東，二是北上嘉義，雖然都屬於外科開刀的工作，但是都離家甚遠；最後與家人商討後，屏東的病患不多，只能養老，雖然較近但意義不大。他決定選擇北上嘉義打拼，應聘到嘉義當地最大的基督教醫院擔任一般外科工作。去嘉基的前半年，為了訓練手感並精進自己的專業，展開一個月休息不到四

▶宋天洲減重團隊，成員包含宋天洲主任（中）專科護理師（右1）、護理師（左1）、個案管理師（右2）、營養師（左2），服務將近 900 多位減重手術患者。宋天洲表示：減重是一輩子的事情，故成立完善團隊來提供更優質照護。

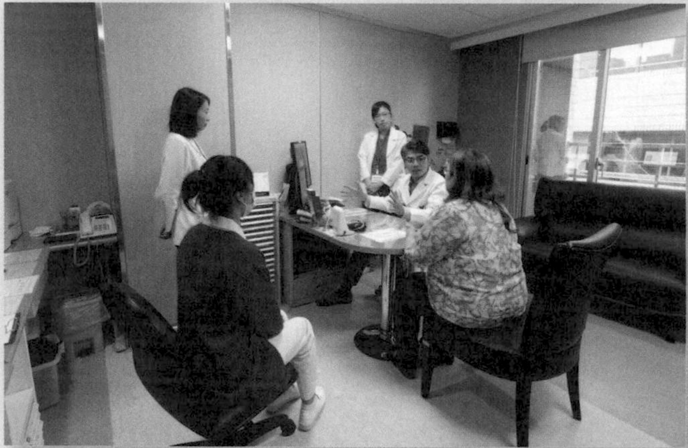

◀醫者父母心，宋天洲醫師每日都帶著十足活力以及同理心來問診，也希望將畢生所學奉獻在患者身上。

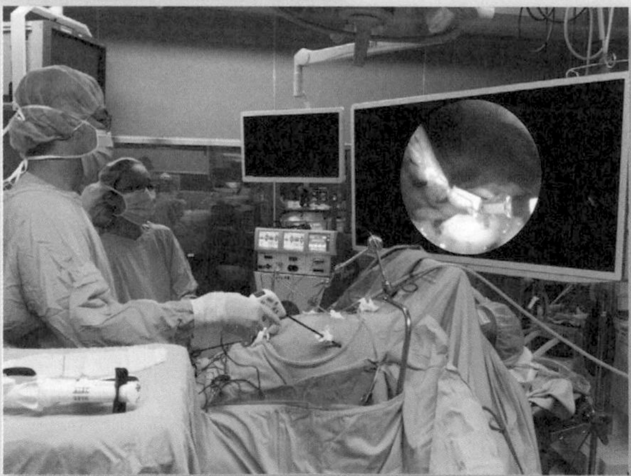

▶宋天洲醫師藉由腹腔鏡胃袖狀切除手術，將胃容量變小，術後依照營養師指導，搭配均衡飲食、選擇正確食物，讓體重不再復胖，達到成功減重效果。

▲靠著名聲和口碑的累積，宋天洲醫師的減重開刀量，在全台排名前五名。

▲宋天洲醫師和太太固定每年暑假都會帶孩子出國旅遊，享受甜蜜的親子時光。

天的戰鬥生活，除了每月在急診上班十八天，每天十二小時外，他又另外騰出每月八天的時間，自願到高雄榮總開刀病房無薪協助，站在手術台旁支援磨練或是親自下場，總之，不求金錢回饋，只求在專業刀法上更上一層樓。

一個成功的男人背後，一定有一個「家」的影子，「家」庇護了你的現在，也延續了你的未來；記得為了遵守跟老婆的約定，除了值班，他每天從嘉基下班後就通勤返回高雄的家；就這樣，每天開車或搭高鐵，他奔馳於嘉義高雄南來北往的路上，每天往返兩百餘公里的路程近五年半，他也不喊苦。

剛到嘉基，人生地不熟，又無刀可開，又不想搶別人的刀來開（搶別的醫師所建立人脈招徠的病人），於是積極尋找出路，這時他發現「腹腔鏡」的潛在價值及市場利益。

腹腔鏡手術，一孔到底，病人不須承擔太多風險與痛苦，而且刀疤癒合快，刀痕不深，加上傷口不易受感染，因此病患的可接受度高。但是當時的嘉基，腹腔鏡手術使用尚不多，在二〇〇九年時只有進行過腹腔鏡膽囊手術，這讓宋天洲覺得會是一個很好的切入點，於是他開始鑽研腹腔鏡手術。

漸漸的，他所開拓的方向有了跟隨者，從做腹腔鏡的盲腸炎手術開始，逐步拓展到疝氣、闌尾、肝臟、脾臟等手術，開創機先。在嘉基，他開始累積每月三十刀（三十次開刀）、四十刀、五十刀的開刀量。他一心想要「證明自己的存在價值」，同時「為嘉基開啟另一扇資源」，因為這樣才能「雙活」，活出自己，也為單位開啟活水；而這也是一個好員工的價值。

## 北上拜師學藝
## 遇見減重權威名師

無價值的人只會內耗，有價值的人會帶來資源；宋天洲成功為嘉基開啟了另一強項，對於病人、院方都是雙贏，同時又不與同事現有的人脈資源客群衝突，於是，他很快的找到了自己的一片藍天。

但上天另有安排，不竭盡所能把你擺到人群前面，為人類社會做出最大貢獻，上帝的手不會干休。

有一天，終於時機來臨，一位醫療器材廠商跟他說，桃園敏盛醫院舉辦單孔腹腔鏡手術醫療研習會，問他是否有意願去參加？他立刻整裝前往，因為自己是個無法停止學習的人；但是，一去嚇了一跳，原來外面高手如雲。他眼界大開，彷彿「醍醐灌頂」，專業和技巧皆獲得加持，尤其，在敏盛醫院研習腹腔鏡手術期間，認識了改變他命運的關鍵人

▲ 2015 年宋天洲主任選擇讓他開啟減重手術這條路的嘉義，再次回饋嘉義鄉親，協同減重術友一同至大凍山健走，手術前連走平路都會喘的術友，現在爬高 1,960 公尺小百岳卻是輕而易舉登上山頂。

▲台灣許多夫妻婚後因飲食習慣重疊，容易出現肥胖夫妻狀況。宋天洲連續替 6 對夫妻進行減重手術，總共減下 357 公斤體重。術友自發性與宋天洲減重團隊一起成立企鵝健康減重促進會，藉由定期舉辦活動，把正確健康減重推廣出去。

◀ 2016 年台灣代謝減重外科醫學會發表聲明，建議接受代謝性手術：(1) 身體質量指數超過 37.5 kg/m$^2$，不論血糖控制好壞。(2) 身體質量指數 32.5–37.4 kg/m$^2$，生活型態及藥物治療下血糖仍控制不良。(3) 第二型糖尿病的亞洲人，身體質量指數介於 27.5–32.4 kg/m$^2$，且在口服或針劑藥物治療下血糖控制不佳，可考慮接受代謝性手術治療。宋天洲主任特別邀請手術後患者（左：糖尿病患者，右：女兒，分別為術友母女檔），一同分享術後糖尿病的改善以及生活品質增加。

◀距離台灣東南約2千8百公里、搭飛機3.5小時即可到達的關島，時有患者聞名高雄阮綜合醫院、宋天洲減重團隊專業醫療照護，而選擇來台就醫。阮綜合醫院也大力支持，國際醫療患者來台就醫，提供優質醫療服務。患者手術前至門診與宋天洲主任諮詢相關減重手術問題。患者減重體重為206公斤，於2016年8月28日進行腹腔鏡胃縮小手術，目前術後第9個月體重為145公斤，共減輕61公斤。術後9個月，減重手術成效讓患者明顯感受到身體變化，也願意試著走出戶外。

▲阮綜合醫院大力支持國際醫療服務，阮綜合醫院阮建維醫師、梁雲副院長、阮馨嫜管理部主任及宋天洲醫師至關島來訪查並探望患者。

物：李威傑教授。

李威傑教授是「減重醫療」的權威名師，在台灣「減重醫療」手術這一區塊，素有「南致錕、北威傑」的稱號（高雄義大醫院黃致錕、桃園敏盛醫院李威傑兩名醫）；能夠投入李威傑教授門下拜師學藝，宋天洲醫師一直認為，這是上天為他安排好的一條出路。

原來人生像玩大富翁遊戲，每到一個交叉路口，你都要選擇機會或命運，要嘛停止前進，你的獎賞僅止於此；要嘛繼續勇敢前進，前方城堡與國王寶座等著你。宋天洲一直覺得：「我的人生不僅於此，我還可以為自己、為社會貢獻更多」；於是，他不放棄遊戲過程中的命運安排，在轉角處，幸運的遇見了李威傑醫師。

二〇一〇年三月，他決定再度北上敏盛，跟隨李威傑醫師精進「減重醫療」手術，就這樣，他開始跟「減重醫療」手術結下不解之緣。同年五月，他學成返回嘉義基督教醫院，宋天洲醫師開始思索如何運用所學，再為醫院挹注新的資源，也是上天安排，五月二日星期日剛回到嘉基，隔天星期一就立刻接到減肥手術的開刀通知。

但是，畢竟人命關天，而且剛學成返回崗位，恐怕有所閃失，他於是商請李威傑教授出面開第一次刀，自己從旁學習、全程錄影，下班後再模擬情境，從頭到尾複習看完，就這樣果然讓手術步驟愈來愈順。二〇一〇年六月又有機會再動一次刀，這次病患是嘉基醫院急診室的護士，同樣的，他也商請李威傑教授主持，自己從旁學習和協助。

## 亞洲首例換腎後減重手術 打響知名度

接連前五次的開刀，李威傑教授都不遠千里從桃園南下嘉基協助，這讓宋天洲醫師非常感動。他說，老師幾乎是傾囊相授、毫無保留的教他，不為私利，只求醫術技巧能代代相傳，造福所有的未來病患。講到這裡，宋醫師不禁有些感慨，語帶哽咽；他說，人要懷抱感恩之心，飲水思源，他今日之所以能有一番小小成就，皆要歸功於恩師的不吝教導。

就這樣，宋天洲開始了他在嘉基醫院的「減重醫療」事業。開始有了一番成果之後，他發揮經營管理及客戶關係管理的長才，主動找醫療廠商業者，請他們提供贊助給數位減重開刀病患，來換取宋醫師未來採用他們的醫療器材；這是個三贏的提議：病患不用出錢，提升宋醫師的知名度及口碑，然後新的病患進來，廠商得以銷售、推廣醫療器材。

廠商滿口答應，報名病患很快額滿，其中有一位葉姓病人跟他的姊姊有家族糖尿病史，換腎成功後，為了保住好不容易換來的腎臟，姊弟倆決定一起實施減肥手術。二〇一〇年八月，經過宋天洲醫師施以腹腔鏡胃繞道手術後，兩個人都重獲新生，這也是經過醫學權威認證過、亞洲首例針對重度肥胖換腎病人所進行的開刀減重手術。

這一刀打響了宋天洲醫師的知名度，大家都知道嘉基醫院來了一個可以幫人開刀減重的宋醫師，於是，病患慕名魚貫而來，光二〇一〇年下半年，宋醫師就開了二十六台刀。第二年開了六十一台，第三年升任嘉基一般外科主任，開了八十八台；第四年開八十九台，第五年在嘉基前八個月就開了八十九台。因為他的努力及嘉基同仁的鼎力支持，嘉義基督教醫院也開始在「減重醫療」事業占有一席之地。累積數百台的執刀經驗，宋天洲的腹腔鏡手術也更純熟敏捷，手術完成時間很快的從一台刀四小時縮短到僅需四十分鐘。

然而，想當初，自己是為了尋回「開刀救人」的理想與渴望，而離鄉背井、負笈他鄉，現在，不敢說功成名就，但既有一刀之長，且故鄉父老亦殷殷期盼，宋天洲醫師乃動了還鄉的念頭。鄉情、親情、愛情是無法阻擋的，這是身為「人」的本懷，即便為了這些你要有所犧牲。

## 不斷離開舒適圈 從零開始挑戰

二〇一三年，他向高雄知名的「阮綜合醫院」投遞履歷，不料，石沉大海。因為鄉下醫院的醫師，很難獲得都會醫院的認定，而這一沉就是一年半。

但是，人只要準備好了，其他就交給時機；對一個注定要成功的人而言，時機半夜來敲門，可以不整理行囊就跟著它走，凌晨時就大啖成功的果實。他就是這樣一個人，知道時機未到，就在工作崗位上敬業精進、悄悄等待。

不久，高雄市立聯合醫院副院長調任市立民生醫院院長，宋天洲醫師剛好有認識的親友在民生醫院，靠著這層關係，他毛遂自薦到民生醫院無償幫忙，於是，每週二他自願到民生醫院擔任門診醫師。

為何在嘉基已經功成名就，還會利用好不容易有的下班悠閒時間，回到高雄老家的市立醫院幫忙，而且自願無薪？他說，沒有缺，就自願，總是有機會可以回饋鄉親。還說，當初李威傑教授南下嘉義幫他開前五次刀時，可都沒有跟他談價錢啊。就這樣，傻傻的一個自願無薪的醫師，像是義診般，居然還在民生醫院開了十台刀，驚豔內外。

這就是上帝所做的工；當然，人要謙卑，否則不能為祂所用。就是這樣一個謙卑、不計較眼前，只想到更廣闊未來的年輕醫師，靠著專業、熱情、誠懇的胸懷，在高雄一個醫療小角落，逐漸建立起了自己的名聲。

這時，剛好阮綜合醫院的施昇良醫師在民生醫院也有門診，透過平日與宋醫師的閒聊，得知他曾經遞履歷到阮綜合醫院但沒有下文；再加上阮綜合醫院剛好開缺，於是，在施昇良醫師的引薦下，宋天洲醫師被安排了一次阮綜合醫院的面談。

宋醫師還記得，面談時間相當緊湊，當天上午他還在嘉基開了三台刀，下午四點就要去高雄阮綜合醫院面談。消息一傳出，嘉基醫院當然大力慰留；但宋天洲醫師終究告別嘉基，再一次遠離舒適圈，離開年薪已經好幾百萬，而且聲名鵲起、人人稱羨的嘉基醫院一般外科主任的工作。

他的一生處處充滿了轉折，當初拒絕他的，現在張開雙手迎接他的加入。但他沒有時間喜悅，因為考驗正要開始。他從來沒有想到，要利用阮綜合醫院的既有客群資源來讓自己有刀可開，但他總是不斷離開舒適圈，逼自己走向極限與未知，即便代價是從零開始。

## 靠名聲和口碑
## 全台開刀量排名前五

阮綜合醫院給他下達的指令十分清楚：宋天洲醫師，只能開「減重醫療」的刀。換句話說，除了減肥的刀，他都碰不得；這如果不算晴天霹靂，也跟上了戰場、被上司立刻繳械差不多。他得靠自己去找病人，否則只能坐以待斃。

這時，他腦海中突然想起當初嘉基醫院醫療長挽留他時的忠告：「高雄減肥開刀市場是義大醫院的天下，義大一年開三百台刀，你是一個在高雄沒沒無聞的小醫師，回到高雄能搶食多少資源？不如繼續留在嘉基，你在這裡至少已經開闢出一片天，好歹也是三分天下。」回想起來，真是中肯，但若因此半途而廢，不僅愧對高雄親友，也無顏見嘉基父老，他一定要找出活路來。但是怎麼辦？總不能去路上攔阻胖的人，請他來挨我一刀。這時，不服輸的鬥志再度燃起。

幸好，之前在嘉基工作時，他累積了很好的名聲和口碑，現在病患聽說他轉到高雄的醫院，也一路跟隨而來，堅持「要宋天洲醫師開刀」。就這樣，靠著嘉義鄉親口耳相傳，居然在他轉到高雄阮綜合醫院當月（二〇一四年九月）就有十三台的開刀量，第二、三個月也分別開了十三、十二台刀，幾乎全是嘉義鄉親的支持，讓他免於在阮綜合醫院「開天窗」的厄運。

由於嘉義鄉親支持，他決定撥出時間回嘉義開門診，回饋嘉義父老，同時，也拓展自己的客源。就這樣，他跟阮綜合醫院報備，每週一上午，在嘉義市陽明醫院看門診，而且一樣是自願無酬勞，即使阮綜合醫院要替他向陽明醫院爭取酬勞，他也婉拒；原因無他，一是回饋嘉義鄉親厚愛，二是有捨才能得，他看的是鄉親的認同與長久的未來。就靠著在嘉義鐵粉累積的「名聲」、「商譽」，二〇一四年十二月開十四台刀，第二年光一月份就有十八台刀，全年則有一百七十五台刀，在全台排名前五名。

不久，高雄在地鄉親也慕名而來。現在他的客群已經兼含嘉義、高雄兩大都會區，長久以來，在兩地不斷自願無薪兼差看診的努力，總算開花結果，進入收割期。終於，他讓阮綜合醫院慶幸得人，無愧於知己的引薦，同時，也免於老東家醫療長的善意叮嚀與操心，又如願回到故鄉懷抱。從此，他更堅信：只要堅持做對的事情，一直行走在正確的道路上，即便偶有風雪掩蓋前程，上天也一定會為你開出一條路。

## 重視顧客價值管理
## 創造年業績五千萬元

心存感恩的人，回顧生命中的一切，想到的，都是感恩。心存怨懟的人，回首來時路，看到的，都是憤恨與不平。前者成功、喜樂，正向能量隨時環繞著他；後者則充滿負面能量。現在回想起來，他要感謝當初阮綜合醫院給他下達的指令：宋天洲醫師只能開「減重醫療」的刀。正因為他凡事都往正面看，才突然領悟到，原來，阮綜合醫院給他的限制與要求，反而成就了現在的自己。

古語云：「欲成大器者，必先撓之，折之」，未經過洗煉彎折的金銀銅鐵，豈能鑄造成精美器物，陳列於廟堂之上？於是，從正面看，這是一種磨練，置之死地而後生，是大器，就禁得起烈火焚身，自然能走上檯而來，是糟粕，揚棄也罷。

他通過這考驗，走出自己的一條路來，同時也正面的領悟到阮綜合的深刻用意：初階：宋天洲醫師，「只能開」減重醫療的刀。中階：宋天洲醫師，「只會開」減重醫療的刀。高階：「宋天洲等於減重手術」。內化：「減重手術等於宋天洲」。於是，蛻變完成，從此以後，一般外科手術與他無關，他眼中只專心致力於一件事：減重手術。

他一輩子只要做這麼一件事，並且把它做到最好。就在二〇一六年年中，他徹底領悟到這點，頓時心中充滿感激，往事一幕一幕浮上心頭，所有的人、事、物對他而言，都是感恩的對象，要感謝的人實在太多了，他謙卑的在造化面前低下頭，同時領略到：這麼多的福報一定伴隨著義務與責任：他必須更加精進努力，因為上天要透過他的手，拯救更多處於肥胖重症中、健康垂危的芸芸眾生。

宋天洲說，台灣肥胖人口高居亞洲第一，特別是病態性肥胖、重度肥胖人口愈來愈多，衛福部國民健康署的調查也顯示，成人體重過重和肥胖盛行率在二〇一三年至二〇一五年已上升至四四・八％，根據趨勢分析，台灣每兩位成人就有一人體重已亮紅燈。

二〇一六年全台接受減重手術案例近三千例，宋天洲指出，目前世界上施行減重手術的標準是美國在一九九一年制定的，台灣健保局的手術給付標準也依此規定；如果病人的ＢＭＩ（體重除以身高的平方）大於四十，或大於三十五但同時有其他因肥胖引起的併發症（如糖尿病、高血壓、高血脂、睡眠呼吸中止症等），就可接受用腹腔鏡進行的減重手術，傷口小又恢復快，全世界每年有超過三十萬人靠此控制體重。

因此，在阮綜合醫院，他組成了自己的專業醫療團隊，圍繞著「客戶的需求」而展開團隊合作。包括一位營養師、兩位專科護理師、一位助理兼個案管理師加上他自己，一共五個人，不僅服務現在的客戶（病患），也服務潛在的客戶（有重度肥胖而不自知者），甚至連不是客戶的一般健康人，他們也結合異業（如健身中心）推廣瘦身運動，讓回復中的病患與他們一同做有氧健身操，共同營造健康、幸福的人生。

同時透過電訪、回訪病患，口到、心到、人到，用實際的關懷與交流，建立起顧客價值觀，成立「企鵝健康減重促進會」，彼此分享心得、互相激勵打氣，去年，還組了一支總體重幾千公斤的隊伍，浩浩蕩蕩，居然還爬上了奮起湖大凍山，而這支隊伍，就在幾年前，可能連要爬幾階樓梯都有困難。

就是靠這個五個人團隊，一年創造出五千萬元的業績，平均人均一千萬元，光這個數字，背後所代表的病患得救數與重生意義，就足以讓宋天洲醫師無愧於之前所有在他奮鬥過程中、曾有形或無形默默拉過他一把的人。

## 台灣減重名醫
## 擔任ＥＭＢＡ在校生聯合會會長

雖然已經功成名就，但唯恐自我滿足、封閉孤陋，於是他申請進了中山大學管理學院就讀ＥＭＢＡ，目前不僅就讀第十八屆，同時還身兼ＥＭＢＡ在校生聯合會會長。關於

ＥＭＢＡ，他說，除了學到很多管理技巧及手法，可以實際應用在日常經營，更重要的，是認識了這麼多的人，除了同屆，還有學長姊，簡直進入一個臥虎藏龍的世界。

人，本身就是資源，對的人更是寶庫，交往對的人，他一輩子是你的好友、心靈導師，行動上互為奧援，想法上交流分享；他覺得，ＥＭＢＡ就是把一大群正面、成功的人找來當你的同學，有幸身處其中，他覺得是人生一大樂事。

宋天洲醫師也寫下他的座右銘：「自我期許，今年要比去年好」。短短幾個字，言簡意賅，天行健，君子以自強不息；其實，這也是宋天洲醫師自己的奮鬥寫照。從當日一個急診室的小醫師，到今日可以位居台灣減重手術權威及開刀量前五強，真的是實踐了他自己所說的：「今年要比去年好」。

Tips

## 那些EMBA教會我的事

- 要追求卓越就要不斷離開舒適圈，逼自己走向極限與未知，即便代價是從零開始挑戰。
- 無價值的人只會內耗，有價值的人會帶來資源；剛到任新人若能成功為企業開發新的優勢產品，就不用與同事搶舊有資源，對於公司、個人都是雙贏。
- 組成自己的專業醫療團隊，圍繞著「客戶的需求」而合作。不僅服務現在客戶（病患），也服務潛在客戶（有重度肥胖而不自知者），甚至連不是客戶的一般健康人，也結合異業（如健身中心）推廣瘦身運動，讓回復中的病患與他們一同做有氧健身操，共同營造健康人生。
- 透過電訪、回訪病患，口到、心到、人到，用實際的關懷與交流，建立起顧客價值觀，成立「企鵝健康減重促進會」，彼此分享心得、互相激勵打氣。

南威法律事務所所長

# 鄭旭廷

「智慧和勇敢，是律師的雙翅，只有同時具備，他才能自由翱翔於法庭的天地。」

▲鄭旭廷律師於 2008 年 7 月創辦「南威法律事務所」。

PROFILE

## 鄭旭廷

出生：1976 年

現任：南威法律事務所所長

學歷：國立中興大學法商學院（現台北大學）法律系、國立中山大學 EMBA

專長：民事法、刑事法、公司法、勞動法

第四章

# 捍衛正義王牌律師
# 從同理心出發

美國最偉大的民權律師丹諾曾形容：法庭的辯護，需要靈巧的智慧、敏捷的思路，以及瞬間決定的應對能力。優柔寡斷，往往會招致失敗；有時候，場上的情況又要求律師要有自控能力，不論你內心多焦急，外表上必須像平靜的池水一樣沉著冷靜。

所以，一名優秀的律師，往往必須同時具備七大素質——誠實、勇敢、勤奮、幽默、雄辯、判斷力、友誼。這些素質不像一件家具，只要有幾個簡單零件就可以組合而成。如果沒有一定的天賦，縱然熟悉法律條文也是毫無用處的；沒有相當的修養和豐富的實務經驗，單憑一紙「律師證書」也無濟於事。

高雄南威法律事務所所長鄭旭廷，是少數年紀輕輕就考上律師，並擁有舞台得以發揮的人。由他身上我們看到一個奮鬥有成、前途一片大好的年輕人，如何熟讀法律論點，幫客戶找出最佳勝算；如何在事業與親情之間做出抉擇，並且願意鮭魚返鄉，回到出生地，歸零、重新開始經營他在異鄉早已獲致的成功與榮耀。

## 國中全校第一名畢業
## 法律系是第一志願

鄭旭廷家住高雄鼓山，父母親在公有市場從事自助餐的生意，每天凌晨三、四點就要起床，一直忙到下午兩三點才能稍微休息一下，接著再忙到晚上，幾乎全年無休；鄭旭廷除了上課日外，寒暑假都要到店裡幫忙洗碗，爸媽為了鼓勵他，採取績效制，每次上工一天給一百元，雖然不多，但是在培養孩子「自食其力」的觀念上很有幫助。

別人寒暑假補習上課，他寒暑假打工洗碗，但洗碗卻仍然能考出鼓山國中全校第一名畢業的成績，可惜當年高中聯考因逢龍年考試人數爆滿，原以為六百分可以錄取雄中，最後卻意外僅錄取第四志願前鎮高中；當他獲知考試意外落馬時，那種感覺及滋味真有項羽臨烏江那種味道，是要跳下去，還是東山再起重考？後來父親勸他省省力氣，家住鼓山，就讀左營高中比較方便；因為若跑到前鎮，每天通勤來回近三小時，光體力都累翻了，還讀什麼書？

不過成功者想的果然和你不一樣，老天既然安排他讀前鎮，他就去讀，與天鬥，其

▲事務所三位律師合照。

▲事務所的大會議室明亮、舒適的談話空間。

▲社團法律專題演講。

▲中山大學裙搖擺擺高爾夫球活動。

樂無窮，也許還能讀出一片江山來。高中畢業時，他的成績是全校第五名，車上通勤時間，別人打盹，他就K書；別人戴耳機聽音樂，他就拚命聽英語會話；高中入學考試輸掉的，大學要贏回來。

因為從小就對生活周遭的規定與典章制度充滿疑惑與興趣，例如為什麼撞壞柵欄就要照標示賠三千元？車子借給沒駕照的人肇事也要負責？他想把法律讀通，所以預備上大學就念法律系，入學考試填志願，他前五志願都是法律系，也終於如願進入當時的中興法商學院法律系就讀。

## 父親罹癌
## 返鄉執業盡孝道

考上律師後，他先完成國家受訓，接著到律師事務所實習五個月後，正式取得證照。他先後在萬律聯合法律事務所、中道法律事務所工作過，前者主要辦理刑事案件；後者則著重在處理公司、證券等財經領域法律問題，這段時間，因為追隨在這些大律師身邊，承辦很多大型且複雜案件，諸如富邦證券金融公司、光寶科技公司、中華開發公司等案件，涉獵深廣，也為自己後來的創業奠下良好基礎。

在台北執業五年，正當一切都步上軌道，欲鴻圖大展之際，噩耗傳來，父親罹患甲狀腺癌，健康惡化亟需有人照料。雖有母親在家中操持，但他身為么子和家中獨子，在對事業盡「忠」與對父親盡「孝」之間，面臨兩難的抉擇。

鄭旭廷回歸傳統價值面，認真思考這個問題，最後決定辭去台北工作，返鄉照顧老父，但要拋棄已小有成就的執業生涯，談何容易？人所不能的，就交給天；難以決定的，求神問卜，這一向是漢文化遇到不能解決問題時的療癒方法；鄭旭廷其實已經打定主意返鄉，但前途茫茫，他決定問問神的意見，希望上天給他一點力量。

於是到行天宮，一再問卜求籤，由於每次都要經過無數次反覆，以求博得連續三次允杯的確認，所以曠日廢時不能解。後來宮裡執事見這個年輕人一直占據廟裡主要位置，不停點頭如搗蒜也不是辦法，主動向前關心詢問，才跟他說，到行天宮裡求籤，心誠則靈，只要擲出一個允杯就可以了。

他恍然大悟，當下重抽一支籤，一看，是「上上」大吉，第一擲就擲出允杯；心裡再無疑義，即刻整理行囊返鄉。雖然父親後來在二〇一〇年離開人世，但當初如果決定留在台北，少了對父親這些年的陪伴，他將抱憾終身。

「一個人，必得先盡到道德與義務上的責任，才能成為一個老師、議員、法官、醫師、

▲ 2016 年泳渡日月潭與太太上岸後合照。

▲參加公益活動。

◀中山大學壘球比賽。

◀▲就讀中山 EMBA，讓鄭旭廷接觸到各行各業的菁英。

軍人、裁縫、麵包師……」。就像梭羅（Henry David Thoreau）曾強調的，在事業與孝子面前，鄭旭廷選擇當一個孝子；換句話說，他選擇先盡道德與義務上的責任，才成為一個真正的律師。

## 自行創業 從零開始打響名號

二〇〇六年八月，放棄台北原本熟悉的戰場，回到高雄老家安頓好父親，確認一切照料事宜後，他開始重新找工作。可是重新再出發談何容易？高雄是人文薈萃、各方角力之地，幸好他憑著之前工作經驗及優異的專業表現，還是很快就找到了工作。

自從考上大學就一直在台北生活，離開高雄已經十二年，對於高雄律師生態並不熟悉，於是決定先進入高雄大型法律事務所重新摸索。二〇〇八年七月，剛回到故鄉沒幾年的鄭旭廷，決定結束受雇生涯，高舉著理念大旗，正式開啟了自己的創業生涯，事務所命名「南威法律事務所」。

通常行號命名會表現出老闆的人格特質，凡是確切想走出自己道路、獨樹一格、傳達奮鬥目標與理想的人，就會在命名上下功夫、認真思索，因為這就像對待自己的小孩，你有所期許又充滿期待。「南威」就是鄭旭廷對自我的期許，寓意為在南台灣樹立法治觀念的典範，威震一方；因為律師是幫助人的工作，鄭旭廷期望自己能成為南部一名好律師，而不只是一位賺錢的律師，同時不用自己的名字命名，因為不想傳達個人事務所的概念，希望藉由品牌樹立，吸引更多優秀律師一同參與。

他的兩位合作夥伴，王志中律師是中正大學法律系畢業，邱國逢律師則是大學學弟，由三位專業的中生代律師組成的「南威」團隊，充滿理想與熱情幹勁，很快的，在高雄法律界，逐漸打響自己的名號。

但開業不久就面臨第一次挑戰，因為每位律師的執業生涯中，難免遇到對方代理人恰巧是之前同事的狀況，例如，有一次鄭旭廷就碰到上市企業子公司不良債權案件，結果對方委託代理人竟然就是他之前在台北工作的上司。該上司打電話給他，語氣中還帶點命令的口吻，劈頭就要求他和解、愈快愈好，彷彿此時的鄭旭廷還是他的下屬。

受人之託、忠人之事，鄭旭廷可不吃這一套，他不卑不亢的善意提醒對方，現在各自有客戶要服務，一切有既定程序及相關法律流程，可不能私了，一切以客戶的利益為優先。

結果，在他堅持秉公處理之下，最後要回的折數遠大於客戶預期，博得了客戶的感謝與尊重，事後更主動包了一個大紅包給鄭旭廷；也因為他的「忠誠」、「信實」，不會碰到老上司關說就辜負客戶的委託，而獲得客戶欣賞，後來客戶就把他所有收購的不良債權案件全數委由鄭旭廷處理。

## 熟讀法官論點 幫客戶找出最佳勝算

另一次是幫一位認識的客戶辯護有關性侵案件，這名客戶在網路上認識一名女子，互有好感於是相約見面，殊不知這名女子見客戶頗有資力，見面當晚即投懷送抱，於是二人前往旅館，完事後，這名女子突然提出男方必須包養她的提議，不然就要告男方性侵，男方不滿被敲詐斷然拒絕，後來女子果然提出告訴，一審開庭時男方因為輕忽，遭法院重判六年，這時前來委託鄭旭廷。回想當時辦公室內氣氛低迷，因為雖有一句可以證明委託人無罪的關鍵性對話，但證據難覓，因此法官一直認為是推託之詞，連委託人都自覺翻案無望。

但鄭旭廷很有耐心的陪著客戶，努力回想案發當時的點點滴滴，一再反覆、不厭其煩之後，幾乎把所有細節都認真回想一遍，並在腦海中重建現場；終於客戶回想起，案發當時與告訴人在馬路上因為包養話題起爭執時，他一時衝動緊張，好像撞到了一位路過的學生，當時想恐嚇他的告訴人正好說了威脅他的那句話：「不包養我，就告你性侵」。

為了找出這名路過學生做證人，鄭旭廷和客戶每隔幾天一大早就重回事發地點，攔下所有相似的男學生不斷詢問：「請問你某口清晨上學經過這裡時，是否曾目睹一對男女在此爭吵，男方還不小心撞到你？」，可是一連好幾天，始終毫無進展。

總算皇天不負苦心人，就在大約二星期後，他們真的在事發地點的相同時間問到一名學生，那名學生說他記得，不僅被男方撞到，連爭吵內容都還有印象。

由於學生見義勇為的作證，加上此案上審法官剛好寫過一篇文章，內容正是探討性侵犯罪的法律專文，用功的鄭旭廷在辯護時就引用這篇專論，借用法官自己的論點來說服法官，才終於把這個案子在二審翻盤，客戶獲得無罪確定的判決，洗刷冤屈。

## 先進法治國家
## 盛行「家庭律師」概念

一個好律師就應該這樣，視客戶如親、具備同理心，才能真正站在客戶的立場，幫委託人找出最佳勝算。而事實真相只有當事人心裡最清楚，最了解案件的永遠是當事人自已，法官是人不是神，無法還原事發當時的情形，法庭上的事實都只能靠證據去拼湊，所以當事人須充分與律師討論案情，協助找出有利的證據，才能獲得有利的結果，勝訴從來不是理所當然。

以這個案例而言，若缺少學生的作證，證明女方撂狠話威脅、雙方是為了包養費而爭執，那麼性侵可能是成立的，一審法官的有罪判決並沒有錯；但也因為學生的作證，讓二審法官可以重新裁量，因此得到了一個改判的機會，可見，在法庭上，「事實上的真實」並不等同「法律上的真實」。因此，一個好律師，就是盡其所能找出證據，讓證據說話，幫助當事人還原「事實上的真實」。

所以，目前國外除了有「家庭醫師」的概念，「家庭律師」的觀念也已普及深入社區，以美國等文明先進的法治國家為例，目前人口約三億二千六百萬，執業律師約一百七十萬人，占總人口數約千分之五，意即每一千人擁有五名律師，就是這樣的比率把美國推向了民主、法治的自由創意社會而不可逆轉，同時，也保障了無數的人權，避免了冤獄的產生。

## 與客戶共同喜悲
## 從同理心出發

當然，律師打官司過程也會遇到挫折，例如對方當事人並沒有請律師，但是法官行使「闡明權」，反而跳脫了中立的立場，變成了被告的律師。在法庭上法官會因一造沒有請律師，而比較同情當事人，這在台灣的法庭並不少見。

例如，他有一次打一個追索債權的案子，法律規定已經超過可以請求的十五年時效，但是被告並未主張時效消滅，反而是法官主動提醒（此舉其實已逾越闡明的權限），被告一聽說有此抗辯，當然表示要主張，結果他的委託人因此而敗下陣來。敗給法官，他也無可奈何，有趣的是，就算不服一審法官此項時效消滅的「闡明、曉諭」而上訴，但畢竟被告已經知道了，到二審時自行主張，官司一樣要敗。

有時判決結果不如預期，他自己也會非常難過，因為看到委託人那種失望、落寞的表情，將心比心；他說自己還沒有達到「置身事外」的境界，他與委託人之間有一種「休戚與共」的感覺，強烈的同理心讓他樂委託人之樂、憂委託人之憂。

其實，律師行業除了不能包攬訴訟、做不當的推廣行為之外，超越客戶期待的服務、站在委託人的立場、全方位思考解決客戶的需求，其實也是把律師行業帶向「企業化經營管理」的境界。這個境界，才能提升律師的服務品質。

同時，讓這個行業出現「差異化」、「客群化」競爭，更讓這個行業出現如民間企業般優勝劣敗的循環，當自然淘汰的效應出現，律師的人數多少、錄取率多寡就再也不是重點，因為市場就是最好的試煉，它自然會去汰換與平衡。

因為一個「冷血」的服務者，將注定被市場所淘汰；無論是一次性或延續性客戶，口碑相傳的結果，都將影響未來的客源，或者車水馬龍，或者門可羅雀，而口碑及客源，正是服務業的核心競爭利基。

所以當鄭旭廷說，雖然已經執業將近十五年，但自己無法像一些「老先覺」一樣達到「置身事外」的境界，對於客戶收到判決時的喜怒哀樂仍感受強烈，其實他是已經跨入「現代化企業經營管理」的層次了；他能永遠與客戶共同分享喜樂、分擔悲傷。

## 感謝貴人相助
## 進中山EMBA深造

鄭旭廷說，一路走來要感謝的人很多，在法律這條路上，他特別感謝萬律聯合法律事務所的所長莊秀銘律師。

莊秀銘律師是鄭旭廷正式當律師的第一個老闆，由於莊律師不藏私的傾囊相授，而且讓他能獨立作業、充分授權，這點讓鄭旭廷非常感動，他說自己真正的律師學養就是在這段時期養成，對於這位提攜自己的恩人，他沒齒難忘。

還有一位特別要感謝的人，就是小他十歲的老婆大人，嫁給他之後自願放棄工作，在家照顧二位寶貝、幫忙照顧母親；他說老婆幾乎是放棄了同年齡女孩應有的娛樂及享受，就默默、傻傻的跟著他，在對前途猶豫不決時，給他鼓勵，在家庭、事業兩頭燒時，堅定與他分憂解悶。而且老婆是個很有創意與想法的人，有些艱難的法律案件，與她討論後常有許多意外靈感出現。他說，他終於知道行天宮抽到的上上籤是什麼意思，原來就是指回到高雄娶到這個老婆。就讀中山大學ＥＭＢＡ，也是在老婆的支持與後援下才得以實現。

另外，鄭旭廷也因為接觸世界展望會及家扶，發現有很多孩童生活困苦，於是參與認養兒童行列，不分國籍，只希望能盡一己之力幫助這些幼苗；尤其自己有一位特別的寶貝女兒，讓他更加關心弱勢兒童。平日，事務所扮演著贊助者的角色，與Ipt國際專業團隊合作，深入高雄那瑪夏等山區幫偏鄉兒童義剪，也不定期捐助博正兒童發展中心，希望更多弱勢兒童獲得幫助。他十分熱心公益，長期以來也固定捐款給慈濟、法鼓山等宗教單位。

他說，之前交友圈集中於法律界，也習慣以法律角度思考事情，就讀ＥＭＢＡ之後，眼界豁然開朗，接觸到很多各行各業的菁英，對於自己的知識面、應用面，都有很大的幫助，中山大學ＥＭＢＡ真的是一個很好的專業交流與拓展人脈的平台。在中山這二年，生活過得非常充實，每到六日就會期待到學校上課吸取管理新知，也能與同學有互動交往的機會，另外班上與學校的活動多采多姿，有名師授課、企業參訪、海外課程，也有全國馬拉松、壘球比賽、泳渡日月潭甚至是挑戰戈壁沙漠等，多元廣泛，也促進學長姊之間的交流，對於離開校園已有一段時間的他，能再重回學校充電，接觸法律圈外的世界，真是十分難得的回憶。

相信在中山EMBA的學習與接觸，對於往後的律師執業生涯會有潛移默化的作用，不再局限以法律的角度思考案件，而能有更多元、前瞻、廣泛的視野，提供當事人更優質的法律服務。尤其，現在自己經營一家事務所，了解到「領導」與「管理」的不同，領導，是大方向、格局，與文化上、價值上的引領；「管理」則偏重於細節和流程，主要著重於日常運作無礙，以及危機處理得宜。

至於未來規畫，他希望把「南威法律事務所」逐漸朝向以民事法與商事法為主要服務內容的事務所，一方面做出差異化，二方面建立專業品牌的形象，有別於一般法律事務所什麼案子都接，但卻無特殊專精領域的缺點與盲點。

在專業化與分工的時代，醫生已經分科專診，律師其實也不能自免於這一趨勢；未來將逐漸有專辦不同領域訴訟案件的律師出現，即使律師公會不要求，市場也會逼他們這麼做，因為，現在是「專業講話的時代」；鄭旭廷早先看到這一步，也規畫自己的律師事務所往新趨勢邁進。

Tips

## 那些EMBA教會我的事

- 經營法則並不因律師行業而不同；除了不能包攬訴訟、做不當推銷行為之外，超越客戶期待的服務、站在委託人的立場、全方位思考解決客戶的需求，其實是把律師行業帶向「企業化經營管理」的境界。
- 無論是一次性或連續性客戶，口碑相傳的結果，都將影響未來的客源，而口碑及客源，正是服務業的核心競爭利基。
- 「領導」與「管理」不同，領導，是大方向、大格局，強調文化上、價值上的引領；「管理」則偏重細節和流程，著重日常運作無礙，以及危機處理得宜。
- 「南威法律事務所」逐漸朝向以民事法與商事法為主要服務內容的事務所；做出差異化、建立專業品牌形象，以別於一般法律事務所什麼案子都接，但卻無特殊專精領域的缺點與盲點。

# 龍耀宗

媽咪樂居家服務集團總經理

# 「常流的水，永遠晶瑩；奮鬥的人生，永遠光明。」

▲ 2017 年 5 月攝於中國戈壁沙漠。

PROFILE

## 龍耀宗

出生：1971 年

現任：媽咪樂居家服務集團總經理、順遠工程有限公司總經理

學歷：國立中山大學 EMBA

經歷：台灣家事技能協會創辦人、國際獅子會 300E2 區 2016-2017 辦公室主任、國際獅子會國際總會 FDI 認證講師、國際工商經營研究社第 50 屆準社長、龍華國中家長會會長

專長：教育與創新、經營管理

公司著作：《做家事也能闖出一片天》、《職場快樂工作學》

## 第五章

# 愛拚才會贏

# 商業奇才打造居家連鎖王國

愛因斯坦說：「在一個崇高的目的支持下，不停的工作，即使慢，也一定會獲得成功。」龍耀宗的人生沒有彩排，每個細節都是現場直播，但是往往勝利者都是從堅持到最後五分鐘的時間裡得來成功。

三十九歲前過著沒有週六、日的人生；遇到挫折就看書進修，想想王永慶會怎麼做？「媽咪樂居家服務集團」總經理龍耀宗，屬於集合鯊魚和海豚的雙魚座，精彩奮鬥的人生，足以拍成一部勵志電影。

## 奉行成功哲學
## 先別急著吃棉花糖

小時候家裡經濟狀況不好，一家六口擠在一間只有數坪大的房間裡，他當時只能跟著父親睡在樓梯間下的窄小木板床，稍大一點後，家中經濟稍微好轉，父親貸款買了卡車，開始做起了運輸的生意。高中畢業後，他自認為書念得不是很好，也沒有再升學的打算，便開始跟車當隨車助手，那時經常在凌晨三、四點，跟著大他十幾歲的貨車司機南北奔馳，送貨、理貨、收帳，儘管生活逐漸好轉，但家中始終過著檢樸的生活，直到二十二歲時，他才知道，在炎熱的夏天裡舒服的吹冷氣是什麼感覺。

那是一個股市上萬點、「台灣錢淹腳目」的年代，同學們在KTV打工，動輒有八萬十萬的小費收入，出入坐擁名牌好車，但他卻一點都不羡慕，因為知道那並不長久，錢來得快、去得也快，不如實實在在的打基礎。所以，雖然後來創業有成，但他直到三十九歲時才買了生平的第一輛自用車，一路走來，他始終奉行著「先別急著吃棉花糖」的概念。

## 家中突逢狀況
## 臨危受命啟動運輸生涯

十九歲那年，父親面臨一場交通意外，必須停止三個月無法工作，好不容易累積起來的客群，可能就此瓦解，身為家中唯一男孩的他臨危受命，硬是接下了父親的工作，

▶ 2017 年 媽 咪 樂 21 週年慶於大八飯店舉辦春酒聯誼活動。

◀國際工商經營研究社（IMC）至媽咪樂做企業參訪。

▶至美國觀摩 ISSA 清潔展。

▲參與獅子會捐血活動。

▲擔任獅子會辦公室主任服務社團。

▲ 2017 年澄清湖百年慶獅子親子公園落成。

拿到一份工作資料及一本存摺，父親只概略的描述提醒他應注意的事項，他就上工了。從一個只跟車理貨、收送貨的菜鳥助手，瞬間要獨自在成人的社會裡，跟著大他十幾歲的司機及身價數億的業主們周旋，並暫時扛起整個運輸行的責任，當時他的內心是惴惴不安的。

但現實的環境不允許他想太多，他開始學著做起運輸的調度排班等管理工作，在那段時間裡，他對很多事情親力親為，包括跟著司機學開怪手，學著跟周圍的人打交道；那時沒有週休二日，或朝九晚六準時上下班這種事，每天工作十幾個小時，為著就是保全父親多年辛苦打拼下來的基礎。

或許是「天公疼憨人」，也或許是父親長年累積的「誠信」基礎，他取得了幾個委託運輸的大生意，也得到了司機們的配合，三個月後，當他把運輸行及那本存摺交回父親手裡時，運輸行的運輸量及收入比起三個月前毫不遜色，他的父親露出驚訝又讚賞的眼神。他也明白，自己往後不會再是那個會令父親憂心難安的毛頭小子了，自此他穩穩的在這個行業待了下來，人生也由此進入另一個轉折點。

父親在業主及司機間累積的誠信及待人處事的態度，對他日後的創業及管理造成了某種啟發，那時他並不懂什麼是「僕人式領導」，但他已經親自在實踐這個概念。

二十歲那年他接到了入伍通知，暫時告別了運輸生涯，來到了小金門，那時被指定當班長，每天帶著全班的弟兄練靶出操，操著五音不全的嗓子練軍歌，與弟兄們的互動中，讓他無形中學到了互動管理及領導，並率領團隊得到「戰技比賽」第一名；這次的成功讓他明白，只要團隊合作及持續的鍛鍊，加上堅持不放棄，就有超越成就的可能。

## 「笨」的力量幫他開創商機

退伍後，他很快的就走進了婚姻，在二十二歲那年加入了開拖車的行列，當時的拖車普遍都超載，能多載點貨就能多掙點錢，所以往往摸黑出門避開公路稽查。那時，他經常在傍晚到煉油廠取最後一趟貨，再於半夜把貨運往磚窯廠，抵達目的地時才清晨五點，還要再等到七、八點磚窯廠開門，才能卸貨再繼續下一趟的送貨，有時開車累到都不知道已經到家門前了，只是機械式的憑著本能知道該停車了。

為了擴充運輸量，他曾遠到屏東太武山載水或是幫忙至甘蔗園載甘蔗，那時日夜開著拖車，一天至少工作十六小時以上，兒了經常好幾天看不到他，為什麼要這麼拚呢？其實就是想證明自己的能力，他不想被人看輕，他說：「被人看輕後要成長，就只有靠自己，

▲ 2017 年至中國戈壁參加 EMBA 馬拉松路跑於途中被捕捉畫面。

▲ 2017 年至中國戈壁參加 EMBA 馬拉松路跑。

▲媽咪樂二十週年慶，現場擠進 300 多名祝賀嘉賓。

▶ 2016 年 6 月於高雄美麗島捷運站光之穹頂下舉辦全國第一屆清潔大賽。

◀與 IMC 常跑隊進行路跑練習養成運動習慣。

▶日本行全家合照。

◀將經驗集結成《平凡的力量》一書，獻給學校作為畢業的感恩獻禮。

我不服輸，最好的回饋，就是把自己變得更強。」二十五歲那年，由於父親年長已不能再開拖車，運輸行正式交棒到他手裡，他由此邁向自主經營之路。

那時台灣經濟發展正在巔峰，高雄港每天輪船進出繁忙，運輸需求大增，當時年輕的他點子多，腦筋動得也快，很快的理出了由公證、理貨、報關等一條龍式作業模式。當時只要船一靠岸，他就開始協助業主由報關、公證到運輸，幫業主省掉不少瑣碎的麻煩事，他把「利潤共享」概念發揮在配合的廠商及業主身上，只收取他該賺的錢，業主們樂得委託他載貨順便代為收款。當時代收的款項動輒百萬或千萬，但業主對他百分百的信任，絲毫沒有戒心，他常常在想這或許是「笨」的力量吧，因為他笨到不懂得去「貪」，所以老闆們樂於委託，把賺錢的機會讓給他。

## 與死神擦身而過
## 啟動轉型契機

長期的賣命工作，或許是過度疲累，某次夜裡，他像往常一樣開著拖車，不知不覺的打起瞌睡，在撞車的前一秒，他突然睜開了眼睛，本能的轉動方向盤，瞬間與死神擦身而過，但車頭整個撞個稀巴爛，僥倖只有腳踝受傷。雖然躲過了一劫，但一個造價百萬的車頭瞬間沒了，沒有多餘的時間懊悔，要想辦法把失去的找回來。但劫難似乎沒有停止找上門；那次，他像往常一樣，站在近三米高的拖車頂備貨、理貨，不小心一腳踩空，從車頂直墜地面，只要偏離個幾公分，他的背部一定會被身旁怪手的尖爪刺穿，當時他躺在地上，看著身旁那部怪手，全身冒出了冷汗。

同年第三次劫難再度找上門。深夜裡，他為了閃躲逆向而來的小客車，衝向對面車道，幸虧對向沒有來車，否則在快速衝撞下必有傷亡，但已足夠讓他膽戰心驚。同一年歷經三次劫難，讓他對人生開始有了不一樣的看法。驚魂未定的他深知這樣的日子無法過得安穩，那時萌生了想改變現況並回去學校讀書的想法，但真正落實回到學校讀書，已經是五年後的事了。

## 創辦順遠工程
## 邁向不可測的轉型之路

不想在公路上繼續過著搶時間搏命的口子，他成立了順遠工程公司，朝向勞務工作發展，開始關注著政府的勞務標案，學習領標、做簡報、寫計畫書。當時中油高雄楠梓園區廣闊，油槽邊雜草蔓延叢生，招標委外割除，他用比人家少了三至五倍的低價標到這案子，同業都看準他一定虧錢，甚至質疑他，哪有可能在那麼短的時間內，調度到這麼多人力來割草？

這時就有賴於當年往返屏東載甘蔗時，與當地農人建立起的關係了。他很迅速的調齊了數十名人力，每天清晨五點親自開著車，到屏東載工人到中油割草，傍晚再把他們送回去。這些工人都是很敦厚和善的人，在當時的請託之下，大老遠的坐著車來高雄協助，也不會跟他多計較什麼，至今他仍銘記在心。

但這個標案每兩個月要割一次草，才割完第一次，他幾乎已快用完這筆預算了，再下去就要虧錢了，不想讓同業看笑話，他開始動腦筋，最後想到了一件利器：「怪手」，這個曾經讓他差點沒命的工具，此時卻救了他。他試著利用怪手翻土除草，再把地面翻平，沒想到意外的順利，結果這個標案結案後，他不禁沒有賠錢反而還小賺了一筆，此後的好幾年，他都用著比別人低的價格標此案，利潤也穩穩的在手。原因在於，別人都是用一成不變的方式，「找一堆人來割草」，而他是用一人一怪手來除草。

在瞬息萬變的商場環境裡，面臨到突如其來的難題，企業的應變力相當重要，他並不會像《誰搬走了我的乳酪》一書中的小矮人一樣，面臨到乳酪山不見時，只會怨天尤人的坐以待斃，他也明白不可能「用相同的方法做事，可以得到不一樣的結果」。所以在往後的企業經營中，他一直秉持著「創新」與「變革」的信念，來因應外界的快速變化，同時「工欲善其事，必先利其器」的觀念自此根植，這也讓後來成立居家清潔業公司的他，懂得善用工具及方法改善效率和提升品質。

在那個手機尚未盛行的年代，滿街都是公用電話，他曾經標下一個限期內擦完公用電話的標案，這些公用電話分布在都市、廟宇、郊區、甚至偏遠的山區裡，有些地方連門牌號碼都沒得對照，只能憑著電線桿的編號找到。拿到位置資料的他當下傻眼了，那是一份沒有排序地址的紙本資料，如果照著紙本資料從頭跑，肯定無法在期限內結案，同時因為完工後要驗收檢驗乾淨度，如果擦拭過程間隔太久，前面擦過的話機可能在風吹日曬下又髒了，肯定過不了驗收這一關，還會面臨違約罰款的問題，沒有GPS、沒有軟體可以指出最佳路徑，他要如何完成這個挑戰？

當下，他沒有盲目的立即動手找話機擦拭，反而靜下心來，開始依地址做分類排序及謄寫，數小時之後，他做出了一份針對位置分類排序的資料，然後緊急把工派出去，區域內的公用電話，全部被他的團隊用最有效率的方式擦拭完畢，當然也順利驗收了。在遇到事件的當下，他很清楚的明白，不能埋怨，要靜下心來把事情好好的釐清，再去找策略及方法才是王道。

## 收入由三十萬變二萬 從基層重新學起

有好幾年的時間，順遠與運輸是並行作業的，但多年來從事運輸業的敏銳度，他察覺到運輸的動能逐漸在下降中，高雄港的貨輪不再像往年進出頻繁，業主的委託量開始下降，他知道轉型的速度要加快了，所以當他跟父親提出賣掉所有拖車頭結束運輸行時，父親著實被他嚇到了，把拖車頭賣掉等於斬斷了運輸這條路，而順遠可否維持長久還是一大問題，但或許是對他這些年表現的認同，雖然心中有著擔憂及濃濃的不捨，父親還是放手讓他一搏，二十九歲那年他結束了運輸行的生意，專心的投入了勞務的工作。

為了把觸角深入政府標案工程各領域，他開始考取跟勞務相關的各式證照，甚至去學清潔，初期來自清潔勞務的利潤，比做運輸時的十分之一還少，很多人都笑他放著三十萬元不賺，偏偏去賺那二萬元，但他也不多爭辯，他想要證明給旁人看。這期間他由清潔消毒到機具工安各種領域廣泛涉獵，也考取了二十幾張證照，在短短的一年內，看了兩百份合約標單，想讓自己在法規、管理到技術面，都能做到最好的準備，最後熟練到還能提醒勞務單位標單有瑕疵。當時自覺口才不佳，他常在開標前一晚，自己對著鏡子模擬試講，練習了數十遍直到自己滿意，覺得勝券在握才敢放心上場。

在這段期間他熟讀了政府採購相關法規，並且研究執行細則，當時手上有個標案，受到承辦人員的刻意刁難，眼看著快結不了案，面臨押標金被沒收的窘境，於是抱著《採購法》去請教熟悉此法的專家，在緊要關頭引用法條提醒那名承辦人員，總算才度過難關。從此，他對「書中自有黃金屋」的說法深信不疑，凡是有疑惑就去翻書、找書、請教專家，此時也堅定了他一定要回到學校念書的決心。

## 員工搏命工作的感動 催生了居家清潔事業

二〇〇二年時正值登革熱肆虐期間，他標下了高雄社區消毒案，每天背著十公斤重的消毒配備，率領著團隊在高雄各大小公寓的樓梯間穿梭來回，其實他大可不用自己去，但若不親臨第一線，細節不到位，怕噴藥過程及品質有所閃失，會傷人及毀及商譽。親臨現場工作讓他能體會第一線人員的辛苦，這也讓他在往後為居家清潔人員設計現場工作及設備過程中，特別能設身處地幫她們考慮到細節，並且協助她們排除現場工作的障礙。

二〇〇三年對他而言又是一個轉換的契機，當時順遠承接了一家公立醫院的清潔衛生消毒工作，那一年SARS疫情大爆發，醫院也因出現感染病例而淨空部分樓層，旁人避之唯恐不及，但他的員工卻不顧安危，仍然每天進出高感染的危險院區，把清潔衛生消毒的工作做好，但是員工愈盡職，他卻愈自責，員工每月才領一萬多元的薪水，有必要冒著被感染的風險做這些嗎？他思考著：「要如何為員工尋找一個能讓她們安心、安全又能有較高收入的工作環境？」

標案的利潤有限，無論如何壓縮利潤節省成本，始終無法讓員工領到較高的收入，他暗自下了決定：「我要想辦法提升員工的收入，設計安全的工作環境，未來再也不會讓員工曝露在危險的環境中工作。」

光憑做標案所得的利潤是無法實現這個心願的，他的腦中開始不斷的在思索，什麼工作是這群基層人員有能力做、但又能真正協助到她們的？

當時由於居家清潔的需求逐漸擴大，順遠也常接到來自家庭用戶的清潔打掃委託，但畢竟公共區域的清潔施作跟居家是不同的，看好居家清潔的後續發展，他成立了媽咪樂居家清潔行，並研究了適合居家的清潔操作工法及工具藥劑，嘗試著由居家清潔領域開拓另一條路。

居家清潔是一個以服務為導向的領域，與傳統的清潔勞務工作不同，經營及管理模組也不盡相同，此時書到用時方恨少，那一年他三十二歲，終於實現了回學校念書的心願。那時經常渾身髒兮兮的，收工後來不及換衣服，就衝到學校去上課，同學們大概都以為他是怪胎吧，對求知若渴的他而言，凡是工作上遇到的難題就不斷的去翻書找書，五年內讀了不下上百本的企業經營管理書籍，當時的他對於學習管理，頗有相見恨晚的感覺，他曾自嘆：「如果早些年學過這些東西，這一路走來就不會跌跌撞撞的，可以省掉好多冤枉路」。

## 高出一倍的訂價
## 翻轉整個經營局勢

經營居家清潔，單單訂價就是一項策略，最初是以薄利多銷為考量，總想著收費便宜，客戶就會上門，殊不知事與願違，剛開始消費者並不埋單，最後還是翻書及請教專家，訂出了一個當時在業界看起來像是天價的收費標準，單次收費足足是別人的一倍多，很多人都笑他瘋了，甚至預言公司會倒，尤其是在當時的南部，誰會願意用如此高的費用委任一個清潔工？

但事實證明他的策略及方向對了，在當時有能力委託居家清潔服務的，多半是中高收入的族群，他們願意花較高的金額，以取得較高的品質，所以他在人員的素質、工法、工具藥劑、態度等下足了苦心，他也明白只憑客戶不定期的委託，無法取得長期穩定的收入，企業不會長久，於是他規畫了完整的SOP，設計了定期服務合約，吸引有長期需求的客戶。

當時提供清潔勞務者，多是兼差人員，他打出招募正職管家的訴求，啟動對員工長期培訓的計畫，聘請外界學者專家到公司上課，想要經由員工能力的提升，強化品質及服務能量，他也沒有忘記當時想要幫員工設計安全工作環境的心願，他設計了工作合約，明訂風險高的行為不做，當時為了這些安全上的堅持，他損失了不少客戶，但為了員工的安全，他認為這些損失是值得的，當時為此投入了大筆的資金，雖然整整虧了七年，但這些投入都奠定了他日後能迅速擴大版圖的基礎。

## 七年蟄伏換來高倍數成長
## 也面臨平台經濟的考驗

二〇〇八年是媽咪樂開啟對外擴展的元年，那一年清潔行正式變成「媽咪樂居家清潔公司」，他將服務據點延伸到台南，那是他首次在高雄以外的地區擴展據點，創業維艱且成敗未定，初期也不敢過度鋪張，當時台南公司的家具，都是由他親自開著車，由家中把舊的桌椅冷氣搬去暫且使用的，媽咪樂對外擴張的第一個據點，就是在這麼克難的狀況下成立了。隨後台南的成功讓他如吃了定心丸，此後幾乎每年成立一個營業據點，營收開始呈現倍數的成長。到二〇一七年時，居家清潔經營範圍已屏東延伸至台北，此時「媽咪樂居家清潔」已變成他主要的核心事業體。

但事情不是一直都是那麼順利的，服務業長期人力不足的問題一直困擾著居家清潔業，人員無論怎麼訓練，始終趕不及市場的強勁需求，畢竟這不是一個可以在辦公室，舒舒服服吹冷氣的行業，人員如果沒有很強的意志力，通常做不長久，曾經有員工告訴他：「這工作無論再怎麼做，都出不了國。」安全的工作環境他設計了，但是該如何提升她們的收入呢？

他開始研究晉升制度，也讓所有的管家都上網學習，讓她們因為本事提升而收入增加，同時在國內首創了「金牌管家」制度，鼓勵清潔管家朝向輔導管理及講師方向發展，並且開發適合居家的機具及加值型服務，藉由額外的加值服務進一步提升員工的收入。

雖然經由體制的調整，有了較穩定的發展人力，但企業經營模式不能一成不變，平台經濟興起，新的競爭對手出現，企業也該是思考變革的時候了，他最常問自己的一句話就是：「我的企業存在，對社會有沒有什麼價值？」

考慮到大環境，他的團隊確立了以「居家生活整合服務」為發展主軸，下一步將朝向「機動加盟」、「專業認證」、「資訊平台」等方向發展，並且開發適合居家的清潔用品用具，把服務由都市擴展到偏鄉，讓能力強的居家從業人員能夠賺取更高的收入，這龐大架構及過程，無法單憑他自己的團隊就能完成，所以他也積極的與相關的異業洽談合作，朝向以利益共享的平台商業模式發展。

## 學校社團結交良師益友
## 戈壁馬拉松挑戰自己

要在瞬變的環境中使企業穩健經營，並且跟得上時代的變動，需要有團隊及夥伴的力挺與支持，像韻秋在背後支持他二十餘年，多虧有了韻秋，他才能無後顧之憂努力衝刺事業，而懿玲、惠千、沛彤則是他多年來一起共事解決問題的好搭檔。

秉持著過往的信念，經營上遇到難題，找書、找專家就對了，所以他參加了獅子會，受到E2區王坤義總監、鄭自強祕書長的啟發，以及二〇一六～二〇一七年度內閣成員的支持與包容，讓他在社會服務及人生歷練上有了加分效果，他們曾共同創下募集千萬捐款、六輛公益專車及號召捐血一萬二千袋等佳績，並協助設立了澄清湖的國際獅子會300E2區的百年慶獅子親子公園，在這裡他體認到團隊凝聚的強大力量。

進入中山大學就讀EMBA，並日加入IMC學習型的社團，又讓他的成長進入了另一個里程碑，在這裡他有幸結交到不少的良師益友，像EMBA的誌隆、俊漢、孟憲、淑媛等學長姊，在他及母親有醫療上需求時，適時的提供協助，讓母親得到妥善的照顧，也讓他無後顧之憂，此點讓他非常感激；而像秋聯、凱文、光庭、珺得、淑媛、凱建、姵妏等EMBA第六組的學長姊們，讓他在學習過程中，感受到如同兄弟姊妹般的包容與協助，也讓他對這段學習的過程倍感珍惜。

而在IMC常跑隊、EMBA戈友會吳會長及邱會長以及所有戈友們的經驗傳承之下，他開始了路跑的鍛鍊，在多次的鍛鍊及學習中他得到了信心，並且做了一個對他而言算是相當瘋狂的舉動，決定去挑戰兩岸EMBA戈壁馬拉松路跑賽事。

到中國戈壁參加EMBA馬拉松路跑，對他而言是一項艱難的挑戰，全長一百零七公里的戈壁賽程，考驗著他的意志力及耐力，當時為了鍛鍊體力，八個月的練習伴隨著六雙跑鞋，做了近二千公里的跑程鍛鍊，尤其最後三個月，幾乎每天都要練跑二小時，終於，在E18學長姊們的鼓勵及戈12隊友的相挺下完成這個考驗。

人生中得遇一貴人已屬僥倖，然而在一路走來的過程中，有幸能得到這麼多貴人的支持與照顧，也讓他銘感於心。在中山EMBA的學習開闊了他的視野；在社團的歷練豐富了他的人生；而戈壁的賽程則更加堅定了他對「只要持續的鍛鍊，就能超越自己」的想法。

企業經營環境瞬息萬變，唯有讓自己持續學習及成長才足以應變這一切，外面的競爭不曾停歇，每天隨時都有新的難題產生，龍耀宗及他的團隊也將持續接受這些挑戰，正面且積極的去迎戰。

Tips

## 那些EMBA教會我的事

● 用更宏觀的視野去看待企業的經營，透過人與人的連結，把事業主體往外延伸擴展，將能創造無限可能的發展空間。

● 擴大自己人際交流的脈絡，藉由不同領域的觀點，來剖析產業趨勢，用多元化的面向來思考公司未來的發展。

● 養成持續運動閱讀交流的好習慣，讓自己在身心靈得到健康，就能讓思緒清晰，讓自己超越自己，並做好一切準備。

# 宋秉庚

宸利實業有限公司董事長

「說得到，做得到！實實在在的去做，
自然而然，競爭力就有了。」

▲德國 HYDAC 授權代理。

PROFILE

## 宋秉虔

出生：1975 年

現任：宸利實業有限公司董事長、鑫寬企業有限公司董事長

學歷：國立中山大學 EMBA

專長：市場行銷、國外品牌代理、進出口貿易

## 第六章

# 創業奇才逆轉勝 締造亞洲第一佳績

亞馬遜、谷歌和蘋果，都是在車庫中創業的，在車庫中，賈伯斯徒手組裝電腦，亞馬遜和谷歌創辦人則是利用簡陋設備寫程式，據說他們都到了廢寢忘食、一個晚上起來好幾次的地步；若這幾個例子太遙遠，那麼你看看住家附近的早餐店，老闆四點就起床準備材料，一直忙到中午順便賣午餐，下午四點左右才能休息，你猜他一天能睡多久？

勤奮打拼的宸利實業有限公司董事長宋秉虔，聽老師的話鑽研窮究，十五年創業有成。他超越客戶期待，提供全方位服務，力求未來轉型成功，繼續邁向下一個十五年的永續經營。

## 自行創業 採取良性競爭

一九七五年出生的宋秉虔，自從岡山農工汽修科畢業後，就一直在摸索自己的興趣。他最先任職於太子汽車、離職後也相繼任職過塗裝無塵過濾網銷售、麵粉銷售，之後也曾賣過煞車來令（brake -lining：煞車片）。其中待過最長時間的是一家做汙染防治設備的公司，主要是賣集塵器，大概是銷售成績頗佳，且人又耐操好用，公司後來決定要到大陸上海投資，還特別選定他前往上海開拓市場。當時，因為他不想離鄉背井，即便公司開出非常優渥的條件，他還是不為所動；而且一旦開口婉拒之後，也就不太方便繼續待下去，於是工作三年八個月後，興起了離職自行創業的念頭。

老東家聽說他要離職創業，有些心驚，以為這個小伙子要跟自己競爭，趕緊派人疏通；結果宋秉虔豪氣承諾：「我若自行創業，人情義理會顧，雖然還不知道要做什麼，但絕不進入老東家集塵器這一行，跟你們競爭，因為吃果子要拜樹頭，飲水思源。」一話既出口，辭呈批下，留下宋秉虔獨自徘徊十字路口。

說真的，他最會賣的就是集塵器及過濾器，而且現有客戶、通路都熟，但信守承諾的他，一言既出只好自廢武功，閉門苦思下一步。後來，他決定從自己所銷售過的東西中找出一樣來賣，想想既然集塵器是賣不成了，煞車來令是屬於消耗品的一種，那就賣「煞車來令」。宋秉虔打定主意之後，就準備開始創業。

▶公司草創初期自行製作、業務一起來。

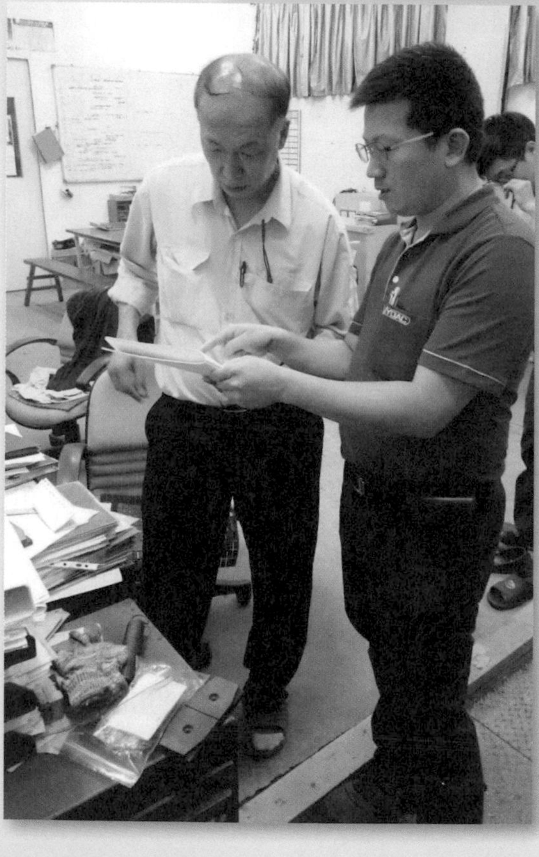

◀宋秉虔親自到客戶端一起改善問題。

▲宋秉虔率團至越南客戶端技術服務。

## 選擇範疇經濟區隔市場

回想讀夜二專時他曾寫過一篇報告，文中自我期許以後無論從事什麼事業，都要做到規模最大、市占率第一、業界第一；這在一般打混摸魚的老師眼中，大概只評個「勇氣可嘉」四個字，但當時以教學嚴謹著稱的經濟學老師李天謝，立刻就把他找來洗臉一翻：告訴他「年輕人創業，要實際一點，想什麼規模經濟！先從範疇經濟做起，從少量多樣、你丟我撿開始做起，這樣能存活就很厲害了。」

一般學生被老師罵一罵，要嘛頂撞回嘴老師一頓，要嘛上臉書發發牢騷，但宋秉虔可不一樣，他採取最溫和的做法：完全接受老師的意見。他想，老師術業有專攻，又以教學認真聞名，肯定不是瞎說，想必對現時台灣產業發展趨勢有過通盤了解與掌握，擔心他誤入歧途屆時又營運周轉不良，才不懼撕破臉特別找他來訓示一下，老師如此用心指導，絕不能被當成耳邊風。

所以，他真正開始創業時就決定聽從老師的建議，只做範疇經濟，而且先接「少量多樣，你丟我撿」，朝加工程序煩瑣又費工時、別人興趣缺缺的單子來做。就從事天車、重機械來令加工這一行，這些領域業界最不喜歡碰，因為「作業環境較熱、噪音高且粉塵多、耗時又費工、還要至客戶端現場服務」，業界最不喜歡碰，所以切入門檻應該較高。

因為這完全符合老師所說的「你丟我撿、少量多樣」，於是決定卯足全力往這塊領域發展。二〇〇二年十月，宋秉虔創立「宸利實業有限公司」，專營重型天車、重機械、馬達用的煞車來令。

因為賣煞車片的前老闆也就是現在的丈人，主要經營機動轎車、卡貨車輛及輕型天車煞車用的來令買賣，宋秉虔一方面為了市場區隔，一方面遵循李天謝老師的話，就把自己的業務市場定位在重型天車、重機械、馬達用的工業級煞車來令市場做開發。

## 開公司連虧十一個月 遇詐騙雪上加霜

老師說的完全沒錯，能養活自己就算厲害了，還想規模經濟！開張第一個月，營收幾乎是零，後來靠著朋友幫忙，第二個月勉強做成一筆小生意，也才進帳二萬九千元。後來有一家「詩芳」公司打電話來，自稱專門從事海內外貿易仲介，年費先交十四萬元，會安排與國外客戶會面晤談；這時宋秉虔正處於事業低潮階段，抓到一根稻草也好，於是不疑

▲積極主動的宋秉虔，與工廠員工研發製程精進持續改善。

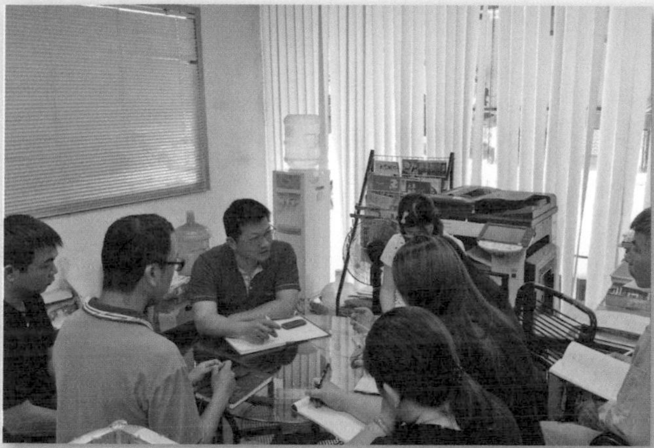

◀與員工定期開會討論工作進度與品質。

▶德商HYDAC總經理陪同宋秉虔走訪USER。

有他，錢就匯了過去，等待商機來臨。

不久，「詩芳公司」果然安排一位來自非洲的客戶跟他碰面，他特地北上跟一位黑人對談，對方說什麼也聽不懂，重點老是含混帶過，他心裡開始懷疑遇到詐騙。隔年《蘋果日報》就大幅報導「詩芳公司」涉嫌假仲介真詐騙的消息，而且受害者高達三十餘家廠商，他心裡一陣愕然，懷疑果然成真，但十四萬元的仲介費有去無回，對於當時每個月一開門開銷近二十萬元的他，無疑雪上加霜。

連虧了好幾個月，他開始反省苦思，究竟哪裡錯誤？他賣重型天車煞車來令，沒錯，這行業很少人做，但是門檻更高更累的是後段「施工、維修、保養、服務」，他還沒有做到。也就是說，他目前坐等客戶上門買來令，但是完全沒有接觸到客戶實際操作運用時最關心的那階段；因為這部分才是所謂的「你丟我撿、少量多樣」。

頓時恍然大悟，原來老師的話他只聽一半，「少量多樣、你丟我撿」還不夠！你不能光賣保險，還要幫客戶慶生、接送小孩、照顧爸媽，甚至必要時還要幫客戶庭院割草。記住，別人愈不做的，你都撿來做，這個客戶就是你的。

於是，他改變策略，決定結合「修繕、保養、安裝、施工、服務」，全方位「一次」解決和滿足客戶的需求。他趕緊找來三位分別在吊裝、機械、機電各有專長的朋友，加上自己，組合成復仇者聯盟，要好好「一條龍」的服務客戶，拯救之前虧損掉的錢。終於，在連續虧損十一個月之後，開始有了轉機。

## 鎖定前二十大企業 開始轉虧為盈

二〇〇三年，他翻閱《天下雜誌》，找出鋼鐵業前二十大企業，一一前往拜訪相關承辦人員，也許是他的專業、誠懇，以及「全方位解決」的差異化服務策略奏效，客戶覺得麻煩事丟給他，他都可以搞定，於是開始有訂單下來。

搞定「重型天車」真的是很麻煩的一件事，煞車系統定位、來令換修、保養、服務、試車……，真的可以耗盡一個人的精神體力；尤其，小細節的不順，檢查半天就是找不到答案，若再加上相關對手零件（非我方銷售，可是在組合上是搭配我方的零件）的變數，那簡直可以把你搞到七竅生煙。

宋秉虔經常碰到客戶一通電話來，他就要出去解決故障問題，無論要爬多高、鑽多深，他都親力親為，除了解決自己在施工上的問題，碰到若是對手零件的問題，只要能解決的他也都一併處理。客戶有時還誤會他，以為是他的零件問題，後來發現原來是另外一家供應商的失誤，但宋秉虔早就處理好了，因為他主動修改了自己零件的尺寸，以配合另一家供應商錯誤的尺寸，光光這一來一往，就替客戶解決了很多聯繫上的時間和困擾。

這就叫「全方位解決」（Total Solution）的整體服務策略，屬於我的問題，我幫客戶處理，不是我的問題，我也在能力範圍內幫客戶處理，真正處理不了的，我還可以告訴客戶原因在哪裡。因為有了全方位服務，客戶才會進入這個消費結構裡。

宋秉虔無意當中往這個方向走，只因為堅持老師說的「少量多樣、你丟我撿」，盡量把服務做到最好，別人不願意碰的，請都丟給我，意外引來客戶的注目與賞識，營業額蒸蒸日上，終於脫離了連續虧損的噩夢。從每月二萬九千元，到現在每月七百多萬元，一年近九千萬元的營業額，這當中的增長，靠的就是「全方位解決」的整體服務策略，客戶知道，有問題一通電話找他就對了，而且不需要再打第二次，因為宋秉虔一直堅持，須幫客戶「避免」問題，更勝一直純粹只「解決」問題而已。

## 代理德國產品
## 創造亞洲第一佳績

宋秉虔整理自己的經營理念及心法，首先是致力服務前二十大的「鯨魚線」客戶，依二〇／八〇法則，這樣最符合成本及經濟效益。不分訂單金額大小、很便宜的零件問題，他也去解決，不是為了賺錢，而是為了「商譽」，給客戶「連小問題都願意親自來服務」的印象，因此訂單不會流失。

不管是自己的，還是對手的零件問題，先處理再說，把困難留給自己，悠閒讓客戶帶走。來時有跡，去時無痕，完工後現場整理得乾乾淨淨，不須客戶再另外耗費工時來清理，加速客戶進入整備作業狀態。

主動注意細節到位、兼顧工安檢查，超乎客戶要求及期待。而且，施工過程，發現有可以替換之相同替代規格但更便宜、耐用之零件，會主動通知客戶納入零件庫存管理，以協助客戶降低維修成本。

同時，協助客戶的零件「在地化」、「台製化」，降低國外原廠零件採購時間及成本。本著「利他，他好」原則，客戶滿意後的回饋就是「利我」，也就是說，先想到客戶，「利我」的部分留給客戶去想。

最後，絕不喜新厭舊，即便舊機型、零件，一樣不捨初衷去服務；他曾經協助處理一個早已停產的零件，結果客戶感激於他的熱心，授權他全權處理更換，甚至有客戶是東德時期的零件，宋秉虔也使命必達四處向國外探詢與搜尋，才找到規格可以應用的替代品，結果就「利我」倒賺了一筆。

永遠多做一點、多打一通電話、多一個回報動作，讓客戶感覺「真窩心」。就是這樣的認真態度，引來國際大廠的關注。HYDAC是一家創立於一九六三年的德國公司，產品主要專注於為液壓流體過濾工程、流量／溫度／壓力偵測感應系統、油壓動力系統、自動逆清洗過濾器、以及監控儀等相關分析／控制流體工程。德國的台灣直屬分公司有一年找上宋秉虔，希望他幫忙代銷一些客製化HYDAC系列產品。

當時，HYDAC有某一項客製化產品非常冷門，甚至台灣還未有銷售紀錄，連HYDAC台灣公司也不抱期待的情況下，透過宋秉虔的服務及通路，居然賣了將近五萬支，創下HYDAC德國本土以外全球該項產品銷售第一名的紀錄。這是一個好的開始，HYDAC從此因而正式委託宋秉虔代理銷售多樣產品，因此，他還特別成立一家「鑫寬企業有限公司」專門代理HYDAC、服務客戶。

HYDAC全球營業額一年約六百多億新台幣，宋秉虔自許一年只要占其銷售總額百分之一（一％）就可以了，那是六億元，已經相當於可以公開發行公司的營業額；這不是不可能的任務，因為他已經積極爭取泰國、馬來西亞的該項客製化產品市場也由他負責，如果統籌整合成功，也許我們很快就可以看到一家新的上市櫃公司，出現於台灣的證券市場。

## 居安思危 尋求轉型

根據統計，台灣的中小企業平均壽命十三年，這樣的統計其實意義不大，就好像你站在一群大學新鮮人面前說，台灣人平均壽命八十歲一樣，感受不深。不過宋秉虔還是把它當一回事，想想創業至今已經十五年，雖然業績持續增長，但他想到的是更遠的未來。

「宸利實業有限公司」在他辛苦帶領之下，總算順利成長熬過中小企業平均十三年的壽命。但每家企業發展到一定規模，都會產生它自己的「獨立意志」，這不是老闆所能左右的，隨著員工增多、部門資源競爭、權責多頭交叉、市場變化快速、客戶需求愈趨多樣化、財務帳務和稅務錯綜複雜的結果，「企業」就會產生它的慣性與惰性，這就是它的「獨立意志」。

「獨立意志」就像青春期小孩的叛逆一樣，老闆如果跟它硬碰硬，可能兩敗俱傷，但若不處理，企業的發展與規模，也就差不多到此為止。

國營企業可以用國家的資源來包容、概括承受這一切，反正問題留給後代子孫就好。

但民營企業，如果要求持續發展，就不能不處理這個問題。這就是「轉型」。轉型第一步，跟母親允許小孩子脫離懷抱一樣，老闆要懂得放手。

引進專業經理人、學習性組織、績效管理、利潤中心、破格用人，以專案為導向的任務型部門開始出現、研發新產品或服務，成為市場規格、價格制定者，最後，莫忘「全方位解決」的差異化……，以客戶需求為主的服務初衷。通常，企業要轉型，大概都脫離不了上述的模式或做法。

但是，老闆在當初辛苦創業時，校長兼撞鐘都已自顧不暇，怎能要求他想到這些？所以企業要轉型第一步，就是引進專業經理人。不管成不成功，專業經理人的引進，對於員工、老闆而言，都是一種「震撼教育」，透過彼此相處的磨合、衝突、協調……，企業就會慢慢「質變」，變成「市場說了算」，然後，企業的轉型就能完成。

「轉型」當然會有陣痛，但這是成功的代價，你不能因此停止。也只有轉型成功，你才能真正成為「老闆」，否則你大概永遠只是「工頭」。

宋秉虔就預備開始轉型，他首先決定從引進專業經理人開始。他決定自己不能再包辦一切，一人之力跟不上快速前進的業務腳步，後勤跟不上前鋒的結果，不是撤退就是敗退。不管引進的是財務、業務，還是經營管理上的專業經理人，他已經準備好要迎接陣痛及衝擊，朝向營業額六億元的目標前進。

## 感謝提攜之恩 探視退休客戶

每年逢教師節，宋秉虔都會抱著感恩的心情，定期去探望夜二專時的經濟學老師李天謝。至今連續十五年都一直保持著，李老師一開始都搞不清楚這個學生每年來幹啥，甚至有一次還直接跟他說，實在對他沒什麼印象。

宋秉虔後來向老師坦言，因為當初聽老師的建議：「範疇經濟、少量多樣，你丟我撿」才救了他，讓他從規模經濟的白日夢中醒過來，轉而只專注幾樣產品，盡量做到最好，並且都撿別人不以為然的服務單子來做，終於積沙成塔獲得客戶認同打開市場，得以存活到今日。

老師只是笑笑，說他連這也忘了。接著兩個人一起大笑，忘年的師生情誼，盡在不言中。有趣的是，在宋秉虔持續探訪恩師幾年後，李天謝老師剛好任教於中山大學擔任管理學院，這對於宋秉虔後來申請進入中山大學就讀ＥＭＢＡ，起了很大的催化作用。

無所為而為，不抱目的而回報，真是人生一大妙事。不僅師恩，連客戶的主辦人員退休以後，宋秉虔也不忘聯繫探訪。通常人去政息，應該著重在現任主辦人員的情誼上聯繫或交流，但宋秉虔本著「相逢自是有緣」很惜情，沒有後顧，哪來前瞻，他感念退休主辦人員的「提攜之恩」，在業務草創初期願意給他機會，讓他有嶄露頭角的空間，因此他仍不忘時常聯繫探視已退休的主辦人員，沒任何目的，只是一壺濁酒喜相逢，前塵往事，盡在笑談中。

一個人的赤子之心最重要，這是創意、動力的來源，也是人真正活潑健康的原因。古往今來的所有偉大企業家都具備赤子之心，像張忠謀（不捨員工被裁員，親自跳回火線，再度擔任董事長）、王永慶（獨樂樂不如與眾樂樂，喜歡帶員工跑三千公尺），還有張榮發（受美國九一一事件影響，全球不景氣，長榮集團減薪因應，後來景氣復甦，下令把共體時艱時所有減的薪資，全部退還回去給員工）。

除了感謝師恩及提攜之情，老婆及父親也是他生命中的貴人；老婆謹守家庭主婦的分際，從不干涉他公司營運管理，這也讓他創業初期，避免了雙頭馬車的現象，而且，幫他把家庭、小孩都照顧得很好，他萬分感謝。

至於父親，則是他公司最好的法務常駐顧問，固定來公司耳提面命，閒話家常的傳承其過去打拼的寶貴經驗、給一些建議，也在他事業低潮時，隨時加油打氣，讓他能堅持下去，沒有放棄。

## 攻讀ＥＭＢＡ開闊人生視野

宋秉虔會去柴山運動，時常看到一些名車進出中山大學校園，偶然得知那些都是企業界的高階經營管理人士及大老闆，利用假日寶貴的時間來上ＥＭＢＡ的課程。他正苦思公司須轉型之際，突然之間靈光一現，原來轉型最好的經驗都在這些教學相長的同學身上，何不利用就讀ＥＭＢＡ的機會，跟他們相互切磋學習共事一番。

剛好恩師李天謝教授曾任教中山大學管理學院，給他寫了一封介紹信，再加上商總理事的友人推薦，口試順利過關後，他進入第十八屆ＥＭＢＡ就讀。他說，彷彿進入桃花源，只能用「茅塞頓開，豁然開朗」來形容，之前二十年所學的武功猶如外功，都沒有這兩年在中山ＥＭＢＡ所涉獵的「內功」多；無論是待人處世、胸懷氣度、得失拿捏，他都學到很多實務寶貴的經驗，驚嘆連連。

有同學是公開發行公司老闆，敢用比同業界更高薪，聘用相同工作內容的人力，原因是「正向的循環」讓員工會更盡責來保住這份工作，因此績效可以比同業多一．五至二倍，一減一加，反而多賺。

還有同學吃飯結帳時，會特別多給服務生一、二百元，原因是「給人歡喜，自己也開心」。更多的是謙虛、不自大、虛懷若谷的胸懷，從談吐、衣著方面，你只看到典雅與低調，絕少炫富與奢華。

因為人外有人、天外有天，他說，與大人同行，看到的都是大格局、大方向、大未來。他很慶幸自己能與這些亦師亦友的學長學姊共學共舞。他由這兩年從學長學姊身上所學到的一些人格特質及經營氣度風範，濃縮簡約成四句話，作為自己的座右銘：與人善始，與人善終，一切由衷，賺到價值。

Tips

## 那些 EMBA 教會我的事

- 「全方位解決」（Total Solution）的差異化整體服務，屬於我的問題，我幫客戶處理，不是我的問題，我也在能力範圍內幫客戶處理，真正處理不了的，我還可以告訴客戶原因在哪裡。

- 剛開始致力服務前二十大客戶，依二〇／八〇法則，一一拜訪，用全方位服務感動客戶，開始轉虧為盈，這樣最符合成本及經濟效益。
- 很便宜的零件問題，他也去解決，不是為了賺錢，而是為了「商譽」，給客戶「連小問題都願意親自來服務」的印象，因此訂單不會流失。
- 完工後現場整理得乾乾淨淨，不須客戶再另外耗費工時來清理，加速客戶進入整備作業狀態。
- 注意細節到位、兼顧工安檢查，超越客戶要求及期待。
- 本著「利他、他好」原則，先讓客戶滿意，客戶滿意後的回饋，就是「利我、我好」；也就是說，先想到客戶，「利我」的部分留給客戶去想。
- 年輕人創業，想什麼規模經濟，先從範疇經濟做起，多樣少量，你丟我撿，只專注幾樣產品做到最好，並且撿別人不要的服務來做，獲得客戶認同、打開市場，企業才得以存活。

# 謝慧蓉

多聯活動策展股份有限公司執行長

「行銷，是在創造人們的驚喜感動，使其渴望擁有它。」

▲ 2017 年 5 月與北京九舟策展簽約結盟，提供兩岸企業及國際品牌商在亞太區整體行銷策展的服務。左起：德村志成日籍顧問、多聯策展謝慧蓉執行長、江秀明董事長、陳九舟總裁。

PROFILE

## 謝慧蓉

出生：1966 年

現任：多聯活動策展股份有限公司執行長、百晉國際行銷顧問有限公司執行總監、中華觀光旅遊發展協會副理事長

學歷：東海大學食品科學系畢業、國立中山大學 EMBA

經歷：義美食品企畫行銷部課長、龍鳳食品企畫副理、小墾丁渡假村會員推廣部經理、南仁湖集團行銷企畫部經理

專長：大型節慶活動策畫、主題展覽策畫、地方產業行銷、品牌市場行銷

第七章

# 策略行銷女王
# 轉化創意為人生亮點

「偉大的創意或平面廣告，總是出其不意的單純，觸動人心而不鑿斧痕。」我們就像廣告大師李奧貝納所形容的，生活在一個充滿創意的「行銷活動」世界裡，無論是看得見的產業、商品或是看不到的文化、意識形態都可以透過活動來行銷，最重要的是活動主題要能觸動人心。

謝慧蓉擔任「多聯活動策展公司」執行長，她曾在知名食品公司從事行銷企畫工作，將冷門商品炒到熱銷缺貨；曾在休閒旅遊產業擔任行銷企畫主管，運用策略聯盟結合媒體公關議題，為企業贏得每年價值上百萬元的廣告宣傳效益，擁有數十項新產品上市行銷企畫經驗；也策畫過數十場政府節慶活動，協助地方產業行銷，轉化政府抽象政績為實際亮點；讓民眾看見不一樣的台灣特色。

## 初試啼聲 一鳴驚人

謝慧蓉從小在新竹市長大，父親經營家具行、母親是老師。原本念東海大學食品科學系，大二時，發覺志趣不在研究而在商管，故申請選讀企管輔系，利用中午及週六修學分，當時，由於熱中童軍團活動，她還擔任竹友會會長。

畢業後，順利被錄取進入義美食品企畫部門，分派至門市及通路實習，每天目測記錄門市購物者的年齡、性別、消費額。當時新進的產品企畫人員約十五位，有些被分配到小泡芙、夾心酥等明星商品，因為有較高廣告預算而興奮不已，謝慧蓉則被分配營業額小、也沒有廣告預算、又冷門的傳統年節產品，她感到非常沮喪。

經理曾交代，必須在一個月內提出企畫書，當時毫無經驗的她，遂利用下班後參考企畫書籍、查閱歷年春節行銷檢討紀錄。整理執行缺失重點後發現，往年賣的年糕一個重二公斤，大正方又很重只賣一百九十九元，銷售量逐年下滑，後來請教研發和製造部主管才得知，年糕只是門市應景產品，其實沒有很多利潤，這反而激起她決心改變冷門年糕的命運。

她分析，大年糕購買族群以年長者居多，如果能吸引年輕人購買，必可提升銷量，當

▶岡山壽天宮全球首座螺絲媽祖神尊，每年 10 或 11 月出巡踩街遶境，是融合地方產業、宗教、藝術的另類節慶活動。

◀高雄真愛碼頭開幕活動，從布置到展演貫徹「水岸花香，真愛 12」的核心創意。

▶融合地方文化、人文藝術與精湛的主題表演，為地方創造行銷亮點。

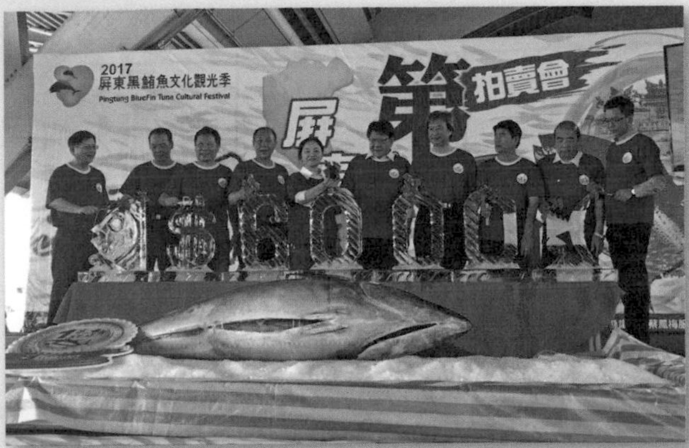


◀每年 4、5 月的「台灣第一鮪」拍賣會，為屏東黑鮪魚觀光季揭開序幕，帶動東港周邊數億元商機。

▶將卯維儂藝術節的專業街頭表演家、特技團、歐洲偶戲團、民族歌藝團等邀請來台，瞬間炒熱現場氣氛。

◀ 2015 內門南海紫竹寺 3D 創意光雕秀，為國內建築光雕秀之創舉。

時台灣的雙薪家庭增多，逐漸小家庭化，日系商品包裝精緻受歡迎。於是她大膽提議，年糕輕量化（改為原來年糕的四分之一重量）、以小圓年糕樣式為春節主打商品，代表圓滿如意；並仿日本包裝精緻化且降低售價，主打小家庭市場，每個賣九十九元，以提升產品毛利，果然在門市大賣、供不應求甚至賣到缺貨。

初試啼聲，謝慧蓉一炮而紅，也因此獲得長官賞識，接手經理級負責的年度最大的中秋月餅專案，這對新手是很大的挑戰。由於籌備時間僅半年，她深入分析後發現，高價位廣式月餅品牌如超群、奇華等，均投入大量廣告搶攻市場，並強調廣式月餅皮薄餡多、口感滑順等優點。公司月餅屬於厚酥皮台式月餅（類似鳳梨酥外皮口感），一咬下去往往皮餡掉滿地，雖然也研發廣式月餅，但因為價位高、顧客接受度低，以致義美月餅銷售量逐年下滑，在月餅市場面臨腹背受敵的處境。

她觀察消費趨勢，向公司提議：開拓年輕族群、跳脫傳統、提升品牌形象等三大主軸；並透過消費者口味測試調查，提供研發部門改良口感，她主張以「廣式小月餅」做今年主打商品，展開一系列月餅行銷企畫；包含門市、經銷商產品上市發表會、門市節慶氛圍布置規畫，也提出三篇廣告創意的宣傳策略：一、產品篇：強調「○○廣式小月餅」皮薄油嫩、餡厚飽滿而實在的產品形象。二、比較篇：強調傳統廣式月餅太大，吃不完放著不新鮮，相對選擇「〇〇廣式小月餅」分量剛好，新鮮又美味。三、送禮篇：強調「〇〇廣式小月餅」年節送禮最佳首選，精緻又大方。

那一年的廣式小月餅果然不負眾望，短短一個月期間，即為公司創造了四億元的營業額，公司主管也特別獎勵她的表現。一直到現在，在義美引領下，「廣式小月餅」成為台灣市場主流。

她破紀錄在短短兩年半、即被晉升為行銷企畫部門課長，由於掌握每年數千萬元廣告預算，需要與廣告代理商開會、參與電視廣告監拍、門市產品教育訓練、經銷商行銷會議等，常常工作到深夜；謝慧蓉形容當時的心態，從產品研發到上市彷彿懷胎十月，感覺不到辛苦、而是滿滿的成就感。現在回憶起來，她仍感謝義美公司的充分授權與信任，才能讓自己在短短四年中，吸收別人十年才學到的實戰經驗，為她以後的創業奠定深厚基礎。

## 南下懷才不遇 終遇貴人

就在前景一片看好的情況下，遠在美國哈佛大學攻讀醫學博士的哥哥，召喚她到美國走走，一方面短暫休息、一方面可以為心靈充電、開拓視野，於是她向公司遞出辭呈，隻

▲高雄貨櫃藝術行動館啟航記者會，運用創意啟動儀式成功吸引全國媒體報導。

▲高雄燈會 - 世運主燈設計，以近十萬條光纖完美呈現立體的世運 Logo，光影幻化，驚豔全場。

◀將文化藝術融合墾丁海洋風情的「恆春半島藝術季」，提升了墾丁國際知名度。

▶針對策展主題，研究背景故事、將資訊透過視覺整合傳達給民眾，並貫徹主題展示與展覽體驗。

◀為吸引遊客參與活動，活動場域氛圍的營造與空間視覺美感也十分重要。

身前往美國洛杉磯與波士頓展開一個人的旅行。

當時謝慧蓉已有一位交往七年的男友，也正值適婚年齡，她必須在出國念書與男友之間有所選擇。男友是她大學學長、也是社團領導人，為人真誠又懂得體貼他人，周遭的朋友們紛紛勸她，珍惜青春把握男友，她因此放棄留學夢。

回國後，謝慧蓉嫁給高雄的男友，展開人生新旅程。她先在高雄一家果糖公司擔任行銷企畫，因為老闆認為企畫就是美工，完全聽不進去她的行銷分析、市場策略，所以，三個月後她遞上辭呈。也曾去應徵房屋代銷工作，但因為這一行要應酬、喝酒，忙到很晚，女孩子不方便；又轉到階梯美語，教了一年，因志趣不合而放棄。

工作遭遇瓶頸，她決定找行銷企畫相關職務。當時高雄只有兩大食品公司可以讓她「發揮長才」，一家是維士比，一家是龍鳳食品；由於當時經常在電視上看到不同品牌的冷凍食品廣告，家裡也是吃龍鳳水餃，直覺這就是自己要尋找的舞台，即使明知冷凍食品市場百家爭鳴，行銷企畫工作勢必面臨嚴峻的挑戰，她仍下定決心以龍鳳食品為求職目標。

她每日看報紙、雜誌、期刊，蒐集龍鳳冷凍食品和對手相關新聞、行銷活動及廣告，到圖書館翻閱相關冷凍食品的雜誌或期刊報導資料，注意其他冷凍食品品牌的行銷活動、廣告，分析各家冷凍食品優劣，將重點做筆記，終於等到龍鳳冷凍食品徵求企畫主管的機會，她果然順利錄取。

沒想到，如同外界所言，空降部隊能通過三個月挑戰的寥寥無幾，她用台北公司常用的SWOT、KPI要求部屬，結果只換來一頓白眼。企畫部六名同事，不是比她年長，就是資深員工，新上任的她召開會議討論時，大家總是一片沉默或冷淡回應。

這次，部屬給她上了一堂課，謝慧蓉已深刻感受，南部人與北部人的思維不同。北部人在工作上強調，數據、效率、紀律，是「法、理、情」的邏輯；南部人卻是談交情、心情、感情，是「情、理、法」的思維。她逐漸感受到南台灣百姓，自有一套「樂天知命」、「情義相挺」的職場邏輯，她體悟應當放下身段、真心與大家搏感情。

一路提拔、讓她充分發揮專長的龍鳳食品董事長葉惠德，是她到高雄的第一位職場貴人，當時，龍鳳食品已陸續前往大陸發展，謝慧蓉表示，放棄前往中國，而留在台灣，主要考量孩子年紀尚小。

## 策略聯盟合作
## 將劣勢轉優勢

一九九六年轉任南仁湖小墾丁渡假村、擔任會員推廣部及行銷企畫部高管，除了面對墾丁地區渡假飯店的競爭激烈外，小墾丁會員推廣業務也遭遇瓶頸，甚至有可能危及公司營運。她分析，位於偏僻滿州鄉的渡假村，交通不便且距離墾丁需四十分鐘車程，唯有提升知名度與企業形象，才能提升住房率；同時，增加會員卡便利性與價值，才有助於銷售會員卡。

目前，公司已花費龐大資金開發渡假村，造成謝慧蓉可使用的廣告行銷預算極少，於是她洽談會員卡全省策略聯盟飯店的合作，先後完成與二十多家業者結盟，讓會員憑卡可住宿全省五星級飯店；接著與信用卡洽談優惠住房專案、交換卡費帳單的廣告，以及用渡假村住宿券贊助百貨公司週年慶方式，作為交換百貨公司卡訊的廣告版面。

其次，她也大膽建議，平日住宿率僅約五成，不如將剩下五成空房當住宿券做公關運用，並提出一連串策略聯盟合作，與知名報社、財經、旅遊雜誌洽談訂閱贈住宿券活動，讓渡假村一夕暴紅、曝光度大大提高。

此外，她分析，會員卡以白領階級、中高教育程度的小家庭為對象，這些人喜歡看新聞報導，於是她與媒體合作深度報導的新型態旅遊概念，引導民眾「定點渡假、享受自然」的新潮流；並策畫季節專案、搭配時令風味餐、特色體驗行程、慈善公益活動等，吸引電視旅遊節目、美食節目紛紛主動上門洽談合作，成功的將渡假村原有的旅遊劣勢，翻轉成優勢。

不久，隨著業務穩定成長，公司發展如日中天，事業體也逐漸往多角化經營。首先是接手中山高速公路西螺休息站的ＯＴ經營權、接著又承接屏東海生館ＯＴ與ＢＯＴ經營權，每年營業額穩定成長，已達到可申請上市櫃條件，她除了原有的行銷企畫工作外、也參與籌備公司上櫃上市計畫、企業形象包裝、法人說明會等，公司歷經兩年輔導，終於順利上櫃。

謝慧蓉是公司的重要核心幕僚之一，在南仁湖任職六年是職涯最豐收階段，李清波、鄭宜芳兩位董事長的柔軟身段、圓融處世，提供了一個寬廣的舞台，讓她在休閒旅遊產業有扎實行銷歷練、累積許多人脈，見證了醜小鴨幻化天鵝的美麗奇蹟。

## 發現「活動行銷」魅力
## 導入專業策展服務

南仁湖集團正式上櫃後，不久，遠在新竹開設美語學校的大姊要拓展業務，希望她能到學校幫忙。謝慧蓉於是辭去南仁湖工作回新竹，然而教育終究非她的興趣，只做了短短一年。

之後再度回高雄，她與朋友合資開了行銷企畫公司，此時老東家南仁湖正準備從上櫃轉上市，於是再次邀請她擔任行銷顧問。董事長請她一同參與規畫極具意義的「九二一災後重建博覽會」大型活動，協助災民走出創傷、行銷地方農特產品和文創品、改善生活。

即使一週北上開會兩次仍樂此不疲，謝慧蓉投入整個活動的策畫，從主題館體驗、布置、到廣告宣導等「大型行銷活動」的體驗，令她印象深刻。尤其，邀請災民現場搭棚、展售政府輔導的手工藝產品、民眾的熱忱支持，令人動容。也因為參與這項活動，讓她發現「活動行銷」的魅力；透過它提升了社會文化、拉近了人與人之間的距離。

九二一重建博覽會之後，她決心進入活動策展產業。二〇〇四年，謝慧蓉擔任多聯活動策展執行總監；她觀察，地方舉辦活動的會場布置簡陋、表演團體經常重複、民眾參與度很低，事後請教台北廣告公司友人後才得知，南部沒有專業活動策展公司、且經常籌備時間倉促，地方機關多半找音響、舞台或帳棚廠商幫忙執行活動。

## 口碑傳開
## 活動規模破千萬

她覺得這應該是個機會，於是主動走訪各機關行號，然而都石沉大海，直到有一天台北廣告公司友人來電詢問，有一場中央機關要到高雄文化中心舉辦記者會的活動，金額只有十萬元，是否可以委託她執行，她立即答應了。

謝慧蓉心想，記者會最大的成敗在於：主持人、啟動式畫面、議題性、會場氛圍、媒體公關接待，她決心要讓小記者會變成巨大媒體效應，讓委託客戶感到超值效益。於是，她邀請具知名度的電台主持人擔綱主持、專業舞蹈老師為主題表演編舞做開場、接著創意的動態啟動儀式。活動結束隔天，台北友人致電感謝她，並轉達當天政府長官、貴賓、媒體朋友對記者會讚不絕口。謝慧蓉覺得，所有辛苦在那一刻都值得了！由於專業的服務、對活動流程和細節的品管，有些機關便邀請她參加較大金額的活動標案。

然而，參加標案要投入時間、心力、印刷，花費成本不低，必須抱著必勝的決心，如何在眾多廠商中脫穎而出、鶴立雞群、獲得評審認同？這些問題一一浮現腦海，她詢問協力廠商得到的答案：找關係、私下應酬、出奇制勝。她認為，靠關係走後門就難有好品質，於是決定強調主題視覺、行銷分析與策略、以及加值活動成果效益等，作為提案的策略。

沒想到，這樣的思維果真打動評審，讓多聯開始承攬各縣市政府活動案，公司口碑逐漸傳開，主動上門委託的大型活動或主題展覽接踵而來，規模從數百萬元至數千萬元，規畫案已排到九個月後。近年來考量維持承攬案的執行品質，謝慧蓉表示，一年承接案公司會做評估以維持執行品質，因為大型專案的規畫籌備期較長，須投入約半年至九個月。

## 事業重心擴向全台
## 攻讀中山EMBA

果然，由於她的成功，立刻成為眾矢之的。暗箭夾帶黑函一支支射來，射向她、射向政府單位、射向媒體；她很快成為一隻刺蝟，身上都是箭羽。那是她事業上最黑暗的時刻，檢調來公司搜索，翻箱倒櫃，一箱一箱的文件、報表被扣押，連她也遭徹夜問訊，一個辦活動的人，現在卻動彈不得。

雖然後來沒事，全身而退；但她深刻領悟到人性黑暗面之可怕，尤其，敵暗我明，隨便一個無的放矢的檢舉函，就可以差點讓她身敗名裂；她只是一個女性，對手都可以如此陰狠，可見在南台灣，這個行業的競爭與險峻。

於是，她決定把事業重心擴展向全台，不再只局限於高屏，因此，她開始，向台南、南投、台中、桃園……發展，執行成果包括：「大台南新都心案」的廣告行銷與規畫執行、「二〇一六台南清燙牛肉節」、「南投花卉嘉年華」、「二〇一三台中商圈購物節」、「二〇〇九客家文化藝術節」、「二〇一一桃園購物節」、「二〇一四桃園酒饌嘉年華演唱會」等。

就這樣，她愈做愈遠，還把全世界拉到台灣來。例如：除了本土文化節慶活動，她也廣邀世界各國知名表演藝術團隊來台演出，包括來自法國亞維儂的專業街頭藝人、巴西森巴舞蹈團、俄羅斯歌謠演唱團，還有其他國外知名的偶劇表演等；同時，她還成立了國際營運行銷顧問團隊，只要任何企業有需要，她隨時可以把它推到世界舞台前面。

曾有電視媒體進來搶她的生意，因為媒體業挾著電視廣告優勢，可以免費為客戶做宣傳，曝光快、效果佳，她一度瀕臨關門邊緣。沒想到，不久客戶又回來找她；主要因為媒體公司的專業不在策畫活動或展覽，也不可能親自去盯每一個細節，客戶又不敢得罪媒體，因此就不敢要求、不能埋怨，結果造成活動品質七零八落，惹來參觀民眾投訴連連。她自認為能在這行站得住腳，主要是憑藉她的競爭優勢：隨時隨地、全方位解決客戶的需求，加上超越客戶期待的服務精神。

管理公司，像行軍打仗，前鋒與後勤不能拉太遠，否則補給不上，再強大的先鋒都要投降。謝慧蓉也面臨過這樣的窘境，業務拓展太快，人員教育訓練不足，後勤跟不上的結果，前線哀哀叫，後勤束手無策。於是人員大量流失，還曾有一個主管，因為壓力大，跟她賭氣的結果，不但離職，還直接把整個部門的人帶走。

由於對品質的堅持與要求，她經常自掏腰包將品質往上升級，與工作夥伴並肩作戰至通宵達旦，從導演到檢場，追求每一場展演的完美呈現，以不負客戶所託。她自認脾氣不好，很不會帶人，所以決定進中山大學就讀EMBA，從同學、前輩身上學習如何帶人。她發現同學及學長姊都很沉潛、內斂，就像美麗的稻穗，成熟飽滿卻又低垂謙卑；原來，不驕滿示人，對員工就能保有一份應有的尊重及禮貌。

## 跨足兩岸 走向世界

二〇一四年之後，她發覺縣市政府所舉辦的活動同質性高，於是開始思考轉型與突破，朝異業策略聯盟及整合的方向前進；並跨足多媒體業，結合異業，開始承辦一些多媒體應用的大型活動或展覽策畫，例如二〇一五年四月，全台首創的高雄內門南海紫竹寺三維立體創意光雕秀，成功挑戰高彩度的建築光雕技術，驚豔海內外，不但叫好又叫座，委託機關對此次光雕展演更讚譽有加，因此給了謝慧蓉很大的信心與鼓舞。同年與高雄夢時代合作策畫「瑪雅古文明5D探險展」，運用故事行銷與多媒體互動科技，包含浮光擬真投影、虛擬實境槍戰、體感觸動、雷射迷宮、密室逃脫等引領時代潮流的創意多媒體展示運用。然而她精心策畫下的多媒體藝術傑作，也讓謝慧蓉付出了近千萬元的學費，她終於領悟，如果無法掌握核心技術與品質穩定性，千萬不要貿然投入新產業。

由於多聯策展過去十年執行過許多國內知名活動，不斷厚植實力，逐漸累積知名度，二〇一六年起，公司開始承攬台灣企業前往中國大陸各城市的行銷活動及展覽策畫案，謝慧蓉表示，公司創立以來所秉持的企業精神即是「精益求精，追求卓越」，公司的品牌實力最終仍會讓客戶認同。二〇一七年五月多聯獲得來自彼岸的肯定，與北京九舟活動策畫

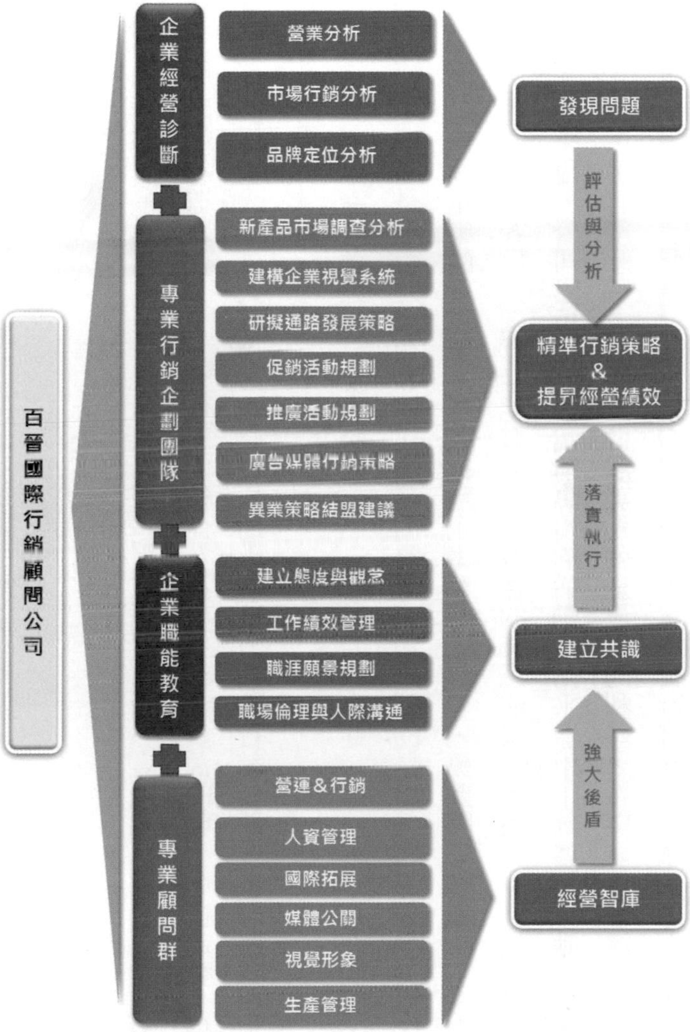

集團正式簽約結盟，展開兩岸合作業務，在北京、上海、廣州、深圳、杭州、福建、重慶、成都、大連均有結盟夥伴，雙方合作藉由彼此在策展與活動資源的整合，協助更多優質台灣產品或品牌行銷大陸各大城市，同時也協助大陸地方品牌行銷台灣。多聯將以穩健的步伐開創新局，跨足大陸。

她總是馬不停蹄的鞭策自己及多聯夥伴們不要做井底之蛙，即使總公司在高雄，視野必須更開闊，不僅是跟台北同類公司比服務的質量，最重要的是培養國際競爭力；因為行銷企畫部門是一個企業的火車頭，身為行銷企畫專業工作者，更要隨時掌握時事、潮流，與時俱進，才能提供客戶具創意且能發揮行銷效益的滿意成果。她表示：迎接大數據、平台經濟時代的來臨，公司已積極籌備建構專屬的活動行銷平台——玩客邦，她認為台灣這個美麗的島嶼，擁有創意、人文、大自然美景就是最好的利基，希望能以台灣為基地，世界就是市場，以行銷台灣為己任，把台灣當成品牌，建構玩客邦成為讓國際朋友可以深度認識台灣之美、體驗台灣的創意與多元文化的服務平台。

謝慧蓉說，自從成立「多聯」，她沒有一天不忙。身為女性經營者，自己就站在最前線，這種寂寞及辛酸真是言語無法形容。所以她萬分感謝老公，對她的充分支持及信任，否則她無法走到今天。

她很少在晚上十點前回到家，幾乎沒煮過一餐飯，而也在大公司擔任高級主管的老公卻給了她最大的包容力與自由度，尤其在深夜回到家時，先生已貼心的為她準備宵夜，傾聽她在工作上的委屈，而公婆的包容、小孩的諒解，更讓她十分感動；沒有給她壓力，完全信任，而且不管發生任何風風雨雨，都全力支持她，站在她身邊。家就是她的避風港，家人的力量，也是支撐她前進的最大動力。

Tips

## 那些EMBA教會我的事

- 行銷是為產品創造價值，唯有消費者認同了這個價值，才會產生購買行為。
- 專業經理人是把事情做對，經營者是得把人用對，人對了事情就對了。
- 行銷活動的形象整合十分重要，須傳達一致訊息與感覺，透過各種傳播媒介如網路、臉書、廣告、促銷、媒體公關等一致的訊息傳播，將有助於整體形象提升。
- 廣告是加強品牌印象、促銷則提供誘因以促進消費、公關則是運用議題操作，引發輿論或增加新聞媒體的報導。
- 隨時隨地、全方位解決客戶的需求，超越客戶期待的服務精神，這就是你的競爭優勢。

# 吳安衆

百春陽建設有限公司董事長

# 「做對的事，賺錢就像『水到渠成』一般的自然。」

▲在冠嶺尾牙致詞，吳安衆期許員工能快樂工作為公司目標。

PROFILE

## 吳安衆

出生：1964 年

現任：冠嶺有限公司負責人、百春陽建設有限公司董事長

學歷：國立中山大學 EMBA

專長：企業管理、建築美學、財務管理

第八章

# 建築業新兵 打造總銷六億元建案

科學家曾針對綠洲中年齡最大的那棵樹做根系調查，結果發現它根深可達三十米，吸水範圍涵蓋一千平方米，這麼強大的生存力，讓它沒有失敗的權利。

白手起家的人就跟荒漠上的一棵樹一樣，如果長成，它會庇蔭很多動植物，最後形成一片綠洲；如果失敗，就只剩下一棵枯幹。人生要成為綠洲的中心，或是孤立的枯幹，其實可以選擇。

百春陽建設公司董事長吳安衆，就是荒漠裡的一棵樹；在烈日沙暴中，他掙扎著存活下來，開枝散葉，蔚成一片綠洲。

## 出生平凡家庭 惕勵堅毅思維

吳安衆出生於澎湖的一個小漁村，當時大多數村民以捕魚維生，另外，還要種植花生、番薯等農作物來增加家庭收入。他的家庭也不例外，父親常常需要在傍晚出海捕魚，天亮了才返航。在他的童年記憶裡，清晨的漁村總是人聲鼎沸，下漁獲的漁民和漁產加工商人穿梭其間，交織成一幅生氣蓬勃的景象；當時的漁村充滿和諧和朝氣，村民更是簡單而樸實。在這樣的環境之下，他度過了一個物質生活雖然匱乏，但卻充滿歡樂的童年。

直到小學三年級的某一天，早上突然接獲一則壞消息，他的父親從事捕魚作業時，不慎被收網的機器捲入，身受重傷，被送至馬公的醫院做緊急開刀。當時的他除了擔心之外，似乎什麼忙也幫不上。幾天後由於澎湖的醫療資源不足，而轉診到高雄重仁骨科醫院做第二次開刀手術，母親也得隨行照料，所以無暇兼顧包括他在內的四個子女；在家庭發生劇變的時候，身為家中長子的他，得一肩挑起照顧弟妹的工作。

在父親術後靜養的兩年當中，家中頓失收入，坐吃山空。直到他讀小學五年級時，父親為了維持家計，又不願子女從事辛苦而危險的捕魚工作，經過父子溝通，毅然決定遷居高雄。次日，便買了台澎輪的船票，卡車載了一些必要的家當，就這樣離開故鄉，開啟了全新而艱困的生活。

根據父親的說法，當時身上僅存的五百元，只足夠負擔一個月的房租，是一間破舊的

▲吳安衆偕同父母親返鄉之行，在酒店合影。

▲探訪故鄉老家，吳安衆與家人留念。

▲吳安衆為父親慶生，一家四代團圓。

▲進入工地，吳安宗實地了解工程品質。

木造房屋，因為通鋪的床不夠大，他還得每天晚上寄宿外婆家，一早回家梳洗後再去上學。

## 父親身教與言教
## 人窮志不窮

出生於一九三三年的父親，適學年齡正逢二次世界大戰，接受過幾年日本殖民教育後就失學，因為教育程度不高，只能從事粗重工作；然而，受過重傷的身體無法荷重，正在絕望之際，皇天不負苦心人，經介紹到拆船場，擔任吊車操作員的工作，從此在拆船場工作了十餘年。

拆船場的工作是沒有固定雇主的，哪裡需要工人就去哪裡工作，如果沒有雇主聘用，隨時會沒有收入；可是沉重的家庭經濟壓力，逼迫父親必須努力工作，還得忍受身體痛楚。這些，看在青少年階段的吳安衆眼裡，已經可以體察父親的辛勞，他一心想要盡快投入職場，為父親分憂解勞。

國中畢業，他原本想放棄升學、直接進入職場，從學徒開始做起；但父親反對，希望他去念高工習得一技之長，提升往後在職場的競爭力。他聽從父親的意見，也順利考上雄工鑄工科，鑄工他一點也不了解，只因為父親告訴他：「翻砂工資比較高」。

父親雖然書念得不多，但為人耿直，閒暇之餘父子坐下來聊天，常常會告誡他做人做事的原則，父親告訴他：「做人不可以貪，不該是我的，不可以強取」、「吃虧就是占便宜，不要與人計較」、「將來有機會開公司、當老闆，要用心對待員工，給他們穩定的工作」、「自己能力不好，無法留下任何資產，但會盡全力不留下負債」。這些都是父親對子女的深沉期待，他都聽進去了，而且身體力行；吳安衆從不埋怨父親沒給資源，反而感謝父親用盡了全力，不留給他負債（包括人情債）。

## 環境斷了求學路 誓走出屬於自己的大道

當他放棄了高中入學通知，選擇了高雄高工，內心是有些沮喪的，心想：「這一生將進不了大學校園了！」因為這是一個與大學絕緣的選擇，而大學卻是多數學生的夢想。不過，這樣的沮喪並沒維持太久，他旋即轉念同時下定決心，放棄再升二專，畢業就要直接進入職場。

因為不再升學的決定，讓他有時間去追尋教科書以外的興趣：書法。從小學開始，他便發現了與生俱來的興趣，那就是寫字和書法，澎湖的白色沙灘常常成為他的畫布；看到一個漂亮的字，就要趕快去模仿、練習。雄工書法社在當時是一個經營得非常好的社團，他

▲百春陽建設新辦公室的揭牌儀式，吳安冢親臨主持。

▲吳安冢親自視察 2017 樹向陽建案實品屋。

▲吳安衆夫妻培養共同的休閒運動：高爾夫球。

▲吳安衆參加中山大學 EMBA 畢業典禮，老婆獻上祝福。

▶應母校之邀，吳安衆參加校慶書法展，現場揮毫。

理所當然的加入了，沒有指導老師，僅憑著學長帶學弟的傳承，在高雄市比賽卻經常得獎。

由於吳安衆在校內比賽穩坐第一名的成績，讓他在二年級上學期就擔任社長的職務。高三時，以高雄市北區第一名的資格，參加台灣區國語文競賽寫字組（書法）的比賽，獲得了第二名，這是他在課業之外，求學階段最津津樂道的一項事蹟。他也從靜心習字當中，練就一些藝術底蘊、體悟了一點人生哲理，為進入社會、人群奠定了基礎。

## 迫不及待進入職場<br>積極創造自我價值

回到現實面，書法只能是興趣，不能當謀生的工具。畢業考後還沒拿到畢業證書，第二天就被老師介紹去鑄造工廠工作，工資一天二百元，常常需要加班到深夜，而且不算加班費，僅在領薪水時補貼一些工資。

鑄造，俗稱「翻砂」，工作環境極差，灰塵瀰漫整個工廠，尤其高爐運作熔解生鐵的時候，室內溫度更高達近40℃。一個初入社會的青年，他並未視為畏途，反而珍惜可以賺錢的機會。

每當身心疲憊的時候，孟子的「生於憂患，死於安樂」這篇文章就會在他腦海中浮現。他自我勉勵：「噢！這些都是上天的安排，是在磨練我的耐力」。但也常常因為不適應環境而鼻血直流，擔心被老師傅取笑，還偷偷擦拭乾淨後繼續工作，直到有一次被女工發現了，驚訝地讚嘆：「現在怎麼還有這樣的年輕人！」就這樣，他做翻砂直到被熔化的鐵水燒傷、腳掌腫脹到無法行走，經過老師傅的規勸：「這個工作太辛苦又沒前途」。終於，他離開了這家鑄造工廠。

## 不放棄再次進修 半工半讀找尋機會

有感於學歷和學識對謀職的重要性，一九八六年十二月他從軍中退伍，次年報考夜二專聯招，順利考上高雄工專機械科。求學期間正好有一家木工機械公司到校徵才，他參加面試通過被錄取，這也是他職涯第五個工作。

初到這家公司，擔任現場的技術人員，工作內容雖為機械製造業，但和他所學「翻砂」完全不同，多以車床、銑床、磨床、鉗工、組裝為主；廠長對他不甚看好，偶有輕蔑的言語，而他僅僅在心中嘀咕：「改天會讓你愛不釋手」。

短短幾個月，就進入狀況了，他發現這些老師傅墨守成規、創新不足，導致工作流程不順暢、績效不佳。但礙於菜鳥身分，不敢僭越，他常常思索提高工作品質與效率的方法。

後來，他的組長因故請辭，而他平時表現已引起廠長注意，所以臨時被徵調代理組長職務。

由於不再受到老師傅的約束，他得以盡情的去發揮，進行工作流程的改善。結果，在短短兩個月，他開始設計模具和治具，改變原有的工作模式，加上人力資源的領導與管理，讓該組的績效突飛猛進、品質與良率也明顯提升。因此深受上司的信任與栽培。每當國內、外木工機械展，包括台北機械展，還有香港、新加坡、馬來西亞和泰國的國際性展覽，他都是當然人選，展覽期間也順道拜訪當地客戶與代理商。這對於當時只有二十五、六歲的他，自然感到新鮮、視野也為之寬廣。

然而，這家公司屬於傳統家族企業，所有高階主管都是家族成員，在此工作兩年後，他的成長瓶頸出現了，他感覺失去鬥志，每天思索著，自己彷彿是被困在籠子裡的大鵬鳥，翅膀無法伸展而極端的痛苦。

這段時間，離職的念頭一再浮現，因為這個企業已經無法滿足他的期待。離職的程序整整送了三次，而且持續了半年：申請、慰留、再申請、再慰留、繼續申請、繼續慰留；最後，他終於鼓起勇氣，不顧情面的直接拒絕慰留。當然，這是痛苦的過程，公司提供他成長的機會，但卻無法滿足他一展鴻圖的志願。

他決定離職，不僅僅是要離開這家公司，而是要離開這個產業，頗有「破釜沉舟」的決心；他決定不再進入工廠，心想：「我要走出去，我要多看一些人，我要讓更多人知道我的才華和能耐」。

## 外商公司經歷
## 學習創造公司價值

在沒找到新工作以前就先辦離職，其實有很大的風險，他投了幾次履歷，都沒有下文，這驗證了一個說法：「我在工廠裡，有多大的本領，只有極少數人知道，一旦離開，我就什麼都不是了」。兩個月沒工作，心中難免有點慌亂和沮喪，閒暇之餘看了幾本勵志書，包括《反敗為勝》和《歷練》兩本書，才又燃起了鬥志和希望。

幸運之神總是眷顧他，一家外商公司在報紙上刊登了業務員招募廣告，他積極的投了履歷，歷經高雄、台北兩場面試後獲得任用。但是他必須先在台北受訓一個月，龐大的教育訓練費用由公司負擔，這件事讓他印象深刻，畢竟，在傳統的本土企業中，是不願意投入這些教育訓練費用的。究竟是什麼樣的公司，有這麼好的職前訓練和預算？原來它是化學建材領導品牌、年營業額數百億元的國際化大公司；員工近萬人，總公司設在瑞士旁的小國列支敦斯登，專門負責研發、製造、行銷營建專用的電動工具和化學建材，分公司遍及全世界主要國家。

他受訓完擔任業務代表，公司以區域經營為任務編制，吳安衆被分配到鳳山、大寮、鳥松、大社、仁武等區域，當時這些區域比起市區大樓林立，真有如天壤之別。他的客戶來源必須靠工地拜訪，「沒有工地如何挖掘客戶？」，「正面思考」是他最佳的朋友，愈是不可能，愈要創造可能，腦中思索：「我要當這個區域的老闆，把市場經營起來」。

努力沒有白費，公司成交困難的高價產品，在他手中一一成交，他一直創造佳績，他說：「我是從搜尋客戶、拜訪客戶、客戶分級、追蹤潛在客戶，最後在公司促銷時出擊而一舉成交。」這樣的模式，屢試不爽；公司的主管注意到了，把幾個重點專案交由他負責，業績從此突飛猛進，當然薪資也跟著水漲船高。他再次體悟到外資企業和本土企業在人才養成與福利制度方面的差異。

## 找尋合適戰場<br>運用所學積極投入

孫子兵法：先勝，而後求戰。所以選擇自己合適的戰場很重要。

一九九三年十一月，正好三十歲的年齡，他和朋友合資成立冠嶺有限公司，他投資了三十萬，這可是從薪水當中慢慢累積起來的，所以他沒有失敗的權利，一旦失敗將一無所有。

創業後第一天上班，他的心情沒有一絲絲喜悅，也沒有一點點恐懼，他似乎已經駕輕就熟，只默默的告訴自己：「我要學習成為一個企業家，絕對不要學習當個生意人」。因為企業家必須具備永續經營的思維、對社會有貢獻、懂得分享利益、能提攜後輩；而生意人畢其一生追求的，就是計算能賺多少錢，累積多少財富；這當然不是他所想要的。

然而，謀職期間的經驗與思維，要實際執行之後才能獲得驗證；舉凡創業初期投資金額太少形成財務困境、客戶群不足造成業績不穩定、公司規模太小引發人事流動等問題，吳安衆都憑藉職場歷練一一化解，公司經營得以漸入佳境。因為前兩年獲利，必須轉入生產設備再投資，以及公司營運基本周轉金的準備，所以直到第三年公司財務才獲得充裕，更重要的是，他的公司經營至今年年都能獲利，而且從不對外借貸資金。

冠嶺成立初期，購買原來公司的化學建材，去做建築工地的植筋和化學錨栓工程承包。因為技術性質雷同及營業策略的需要，營業項目拓展到建築結構體補強、RC鑽孔、切割與油壓破碎、建築物止漏與防水，這樣的進程歷經約十年；更因為市場經營的需要，一九九六年在台南成立分公司。業績也由第一年的一千八百餘萬元，在十年後突破一億元，至今大多能維持一億元以上的營業額。

## 定位公司目標
## 創造企業價值

一個企業的經營，方向和定位是很重要的，吳安衆心裡明白，於是默默訂下了個人及公司經營的目標和願景：

**1.經營品牌：**以工程服務業自居，創造特有的企業價值，以「專業」、「品質」、「服務」、「誠信」為原則，形塑公司品牌正面形象。

**2.技術領先：**在專業領域內持續鑽研，協助解決營建工程的相關難題，以專業技術，與客戶建立長期穩固的合作關係。

**3.廣結善緣：**利用公司的平台，建構友善的人際關係，除了有利於公司業務推廣，更有助於其他事業的拓展。

**4.照顧員工：**視員工為親人，建立良好的福利制度、提供成長環境、優秀員工的留才計畫，希望員工能把公司當作自己的家。

**5.創造利潤：**公司沒有獲利能力，就沒有存在的價值，這也代表經營者缺乏公司的治理能力，他視這樣的能力為企業最基本的價值。

這五個目標是如何形成？其實就是他綜合謀職期間各企業之組織架構、經營者心態、核心競爭能力、潛藏管理危機等，當然也受父親諄諄教誨的影響。從中汲取優點、摒棄缺點，將其導入自己公司的經營方略。

依據這樣的目標與願景制定並努力遵行，一發現偏差就立刻修正，成立十餘年後，冠嶺已進入穩健發展階段。這時，為了奠定永續經營基礎，他體悟公司治理不該再用創業初期的經營管理模式；弱化自我、培養經營管理團隊是必要的作為。而他則專注未來發展方針擬定與公司制度的改造。

## 實現自我興趣 續創事業第二春

二〇〇八年，一個經濟動蕩的年代，全世界都在為金融風暴尋求對策，國內經濟陷入負成長，股票及基金投資人愁雲慘霧，建築景氣瞬間急凍。這時，他卻看到機會，一個小資本進入市場的機會；危機就是轉機的概念，激發他再次創業的念頭。

這次，他想要進入建築業。十多年來在建築工地打滾，多從事其中零零星星的小工程，感覺有一股對建築的熱忱，也對於營建工程品質、平面空間規畫、建築美學設計有許多想法；加上童年家中房屋簡陋，讓他對一個舒適的家保有許多憧憬。他說：「我期盼為人們建構一個溫馨、舒適、安全的家」，興趣和使命感使然，讓他對從事建築業有一股衝動。

然而，建築業屬於資金密集產業，資金正是進入這行業最難跨越的門檻，他想要完成夢想，最快的方法就是找合夥人，此時回頭一看，累積十多年的人脈正開始發酵，雖然每人出資金額頂多千萬元，但螞蟻雄兵的力量不可小覷。初期投資需要的八千萬元資金，在很短的時間就到位了，百春陽建設有限公司也就成立了。

公司一成立，馬上投入第一、第二小型透天建案的開發，整個過程順利，歷時兩年依序完成：購置土地、產品定位、規畫設計、營建施工、廣告行銷、交屋入帳的循環。除了產品獲得市場肯定，更重要的是，建立公司經營機制、管理人才紛紛到位、資金管道也陸續打通。

由於第一批個案的成功，夥伴們彼此的合作都能秉持無私、公正與透明的原則，公司股東的信任基礎得以建立。六年後，投入資金已達二億元，雖然對建築業而言，這樣的資本並不算多，但他告訴自己：「只要持續這個模式，螞蟻雄兵也會創造奇蹟。」他指出，公司目前正朝向一個穩健、成長的方向在前進；同時，個案規模也由創業初期的六千萬元，成長到二〇一七年的六億元。

## 借助傳統思維
## 建構正向經營團隊

由於百春陽建設的股東眾多，他秉持一個做人做事原則，吳安衆說：「『正直』就能將許多問題有效化解於無形」。他的內心默默對自己訂下一個公司治理原則，即對公司股東以「無私」、對經營夥伴以「無我」、而最高境界是「無為」，這是他在「百春陽」團隊必須努力實踐的承諾。

無私，不是完全沒有私心，而是重公平、要透明、能利他的原則。無私則人聚的思維，強調人聚才有力量、才有資源。無我，成功不必在我，如何弱化自我，成就可以歸功於團隊，如此則團隊的能力可以獲得發揮。無為，是一種至高無上的境界；目標明確、善用人才、借力使力，自然可以達成的境界。「無私」與「無我」是達到「無為」的必要作為。

這些思維的實踐，可以看到經營團隊能自在的、盡情的發揮專業能力與個人所長，在工作中達成個人與公司的經營目標。當豐碩成果呈現在眼前，夥伴們的喜悅與驕傲，就是他所深切期盼的：「讓大家在職場找到自我價值、在工作環境中獲得樂趣！」

## 讀書啟發創業潛能 靜思體悟人生哲理

吳安衆自認看的書不多，青少年時期就喜歡閱讀歷史小說與名人傳記，諸如：《封神榜》、《東周列國誌》、《三國演義》等歷史小說；亞歷山大大帝、凱撒大帝等歷史人物傳記，還有現代企業家自傳等，這些書籍對他的事業經營發生極大的啟發作用，他說：「我是深入研讀，再去消化吸收，然後轉化為日常生活的行事與風格。」

三國演義，蜀漢興於諸葛亮〈隆中對〉的落實實踐，但成也諸葛，敗也諸葛，諸葛亮未能培養接班人，凡事皆事必躬親的結果，蜀漢在他死後群龍無首，種下日後滅亡的敗因。吳安衆說：「這告訴我，企業要永續經營，人才會是最終成敗的關鍵。」

吳安衆說：「我最欽佩『水』這個物質，老子說：『上善若水，水善利萬物而不爭。』日常的經營管理及為人處事，我也盡量以『水』為師」，雖然他自評只有做到六十分，但謙沖自養、虛懷若谷的風範，與他在一起的人真有如沐春風之感。

他說，他經營的不是事業，他努力經營的是人生，他追求的人生最高境界是「快樂」。所以，他的生活目標主要在「追逐快樂人生」，快樂，其實是一種「昇華的精神狀態」，與「財富與物欲」無關。有人家財萬貫，但仍然不快樂；有人物質生活平凡，但依然滿足；所以追求「正向的、有意義的精神快樂」，才是他人生最大的目標。

因此透過企業，他經營「快樂」，企業傳遞正向能量、對社會有所貢獻，證明企業存在的價值，這個過程本身就快樂。很多人常說，我做好事卻得不到獎賞，所以我不快樂；

吳安衆的想法剛好相反，他認為：「你要感謝，你有能力做好事，他人因你而得到幸福，這本身就是獎賞。」

「做對的事情就快樂，快樂，資源就進來」，這是吳安衆的經驗談，因此，他認為自己的競爭力是一種「軟實力」：重分享、能永續、兼顧社會責任的思想。現在，他更希望能提攜肯上進、有抱負的員工，幫助他們實現理想，建立完整的薪資、福利、內部創業機制；因為分享利益、留住人才，企業才得以永續經營，這可是不變的真理。

Tips

## 那些EMBA教會我的事：

- 只有站在「老闆」的高度，綜觀全局，你才能在企業中表現出自己的價值。
- 身處逆境要更努力，唯有「正向思考」才能化解困難。
- 待人處事以「正直」為根本，「正直」可以化險阻於無形。
- 充分授權，給予部屬足夠的決策空間，才能激發部屬的使命感與向心力。
- 預知危機發生的能力，比危機發生後的應變能力更重要。
- 企業員工低薪，反映出經營者能力不足、心態不佳，是經營者的恥辱。

尚青集團副總經理

# 李秀娥

「利他，反射的結果，
必然也利己。」

▲個案分析。

PROFILE

## 李秀娥

出生：1959 年
現任：尚青集團 副總經理
學歷：國立中山大學 EMBA
專長：市場經營、財務管理

第九章

# 改造傳統市場　平價策略翻轉人生

美國最受歡迎的訪談節目主持人歐普拉，創造了《財富》雜誌形容的「超越演藝事業的歐普拉企業王國」，年營業額達到九億八千八百萬美元。歐普拉從三餐不繼的貧窮童年到年賺近三億美元，靠著奮鬥不懈邁向成功，之前吃過許多閉門羹，可是她卻從別人的批評中，不斷的修正路線，找到一條力爭上游的路。

經營黃昏市場的尚青集團副總經理李秀娥，也用她一生奮鬥故事為我們做了最好註腳。英國哲學家史賓塞說：「本領加信心是一支戰無不勝的隊伍。」只要「有心」，上天就會為你開啟另一扇窗，從那裡你將展翅高飛，翱翔在屬於自己的天空。

## 從零開始　籌辦黃昏市場

卡奈基說：「當機會呈現在眼前時，若能牢牢掌握，十之八九都可以獲得成功，而能克服偶發事件，並且替自己找尋機會的人，更可以百分之百的獲得勝利。」因為強調「與人為善」和「利他」的經營理念，她也為自己和家人創造了許多成功的機會。

一九九三年的某一天，由台中的住家，騎著機車路過華美街的黃昏市場，原本打算順便買菜逛一下，沒想到因為無處停機車而被警察追趕，只好無奈作罷。

她很驚訝，黃昏市場是民眾生活的一部分，怎麼會造成如此不方便，因此她決定到市場連續觀察一週的時間，結果發現真的和一般民眾印象相同：傳統市場商品雖然新鮮又物美價廉，但內部環境昏暗且雜亂無章，市場的衛生問題更不用說。

那時候台灣不動產業市場很蕭條，所以，李秀娥兄弟姊妹四人曾經從事土地開發的事業；有一次在偶然的聚會中，她把觀察到的黃昏市場環境現況告訴家人，提議如果將黃昏市場購物環境改善，應該會有不錯的商機。二弟楊金龍也評估和建議，依他對土地開發的專業度精算一下，這屬於細水長流的經濟型態，而且他們也有能力自行開發土地，這應該有可行性。

接下來，大家就開始積極尋找適當的土地，十分令人意外，一路由台中找到桃園，居然都沒有人願意出租土地給他們，理由是眾多人同時在這塊土地擺攤營運，環境會太

▲每日的各項檢驗單公布現場。

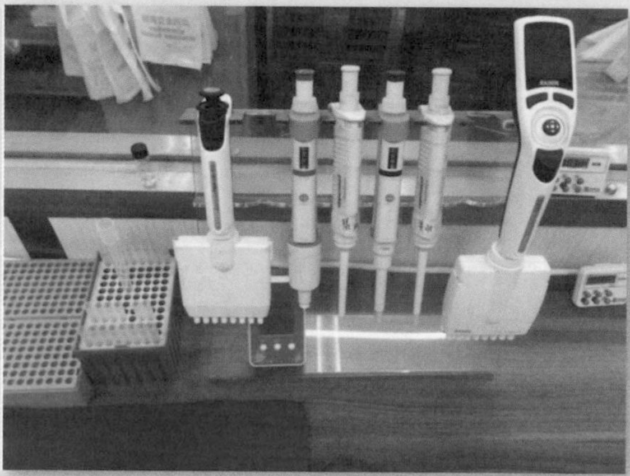

▶農藥檢驗生化法取樣筆。

◀獲行政院農委會 101 ～ 105 年全國檢驗量第一。

◀營業部員工月例會。

▶管理部讀書會。

◀公司球隊第五屆會長與執行長。

複雜。

直到有一天，她與二弟楊金龍執行長一同回高雄返鄉探望母親時，恰巧有朋友介紹屬於兄弟倆共有的一塊土地位於岡山。事不宜遲，雙方立刻約見面，談妥後他們預付了訂金，但好事多磨，遇到其中一名地主事後反悔不願出租，幸好，姊弟倆並不氣餒，只要求對方再轉介紹，就不懲罰加收違約金。

沒料到對方後來一連介紹了兩筆土地，也都因為共有地主的意見喬不攏而作罷，直到最後，又轉介紹位於自由路這塊土地時，她與二弟商議改變策略，直接找地主入股合夥一起經營，對方接受的意願度應該比較高，果然這次一拍即合，終於成功簽下了這塊土地。但面對終於要開始籌辦的第一家「自由市場」，完全沒有經驗的他們要如何「籌辦」？

## 堅持理念
## 改造市場經營模式

當時是一九九六年，自由路周邊還是一片雜草叢生荒地、道路柔腸寸斷，完全今非昔比。周邊土地還有公園預定地、釣蝦場、花圃、私有地等，三七五減租產權糾紛不斷、侵占越界事件頻傳，若再加上停車場前被一大片竹林遮擋、視線不良，這樣子的黃昏市場，只能用「一片荒蕪」來形容。

但她看準北高雄發展趨勢，卻沒有便利的黃昏市場，可以讓下午有較充裕時間的雙薪家庭方便購物；就這樣，在命運的巧妙安排下，他們輾轉回到高雄老家，展開了百廢待舉的創業壯舉。

台灣話說：「有樣學樣，無樣家治想」；創業初期的她，對傳統市場產業完全不了解，只知道執行方向是對的，靠著雄心和策略就積極拜訪同業，考察過台灣所有黃昏市場及傳統市場後，依地形、地物加以研擬規畫，回歸消費者的需求，注重整體環境衛生、動線流暢、增設公共空間、販賣區分類、停車場等區域的規畫設置，改善原有傳統市場的缺點，納入超市明亮、衛生且動線流暢之優點，盡量做到「最完美」的境界；最後，在歷經近百次的認真熬夜修改後，才終於規畫出如今理想完善的賣場圖樣。

例如，因為安全衛生考量，規範賣場汽、機車不能進入賣場內、販賣檯全採不鏽鋼檯展示、招牌統一訂製；為了讓消費者覺得舒適，因而堅持要把採光、動線做到最佳，即使少掉一些攤位，也不能讓攤位面積及公共空間太擁擠；同時要讓消費者有「一體明亮」的感覺，所以主動協調周邊土地併入規畫，二弟楊金龍執行長負責說服溝通，即便遭遇挫折

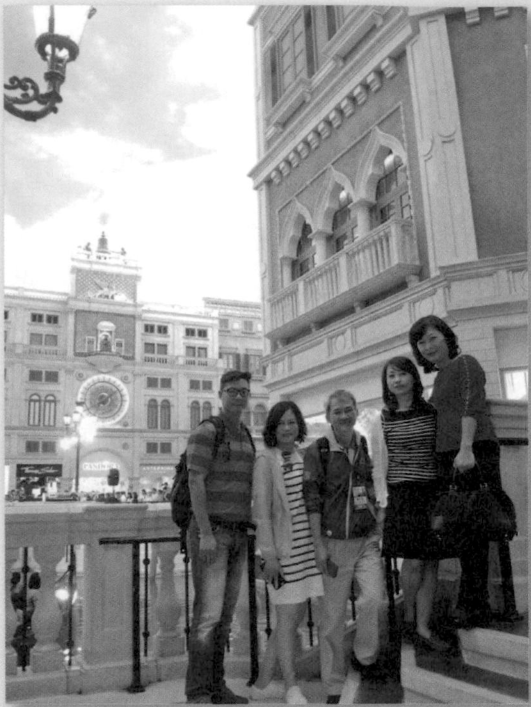

▶與老師學長姊遊澳門新天地、威尼斯。

▲參訪廣州朔料金發科技公司。

▲廣州中山大學海外教學。

▲上海：海外教學同濟大學管院。

也毫不氣餒。

好事多磨，黃昏市場籌備期間備極艱辛，偏偏還要忍受旁人的閒言閒語：「地方這麼偏僻，怎會有人潮？」、「誰會來這裡擺攤？誰會來這裡買菜？」、「哪有開市場弄這麼高規格的？該不會是假動工真騙錢吧？」謠言傳久了，很多包商和已預付訂金的攤商也忍不住懷疑，三不五時突襲檢查工地辦公室，看「他們」還在不在。換句話說，雪中送炭很少，冷嘲熱諷卻從來不缺，幸好她堅持，用行動及理念做最佳辯解，終於讓質疑聲浪愈來愈小。

## 誠信感化，實際付出得到認同，攜手共創商機

好不容易，市場硬體建設完成，距離開幕時間愈來愈近、壓力也愈來愈大，因為招商未滿八成，跟預期目標仍有一段距離。

於是他們加緊腳步，運用「賣厝」的行銷手法，印宣傳單到早市、夜市去招商，趁攤販休閒空檔自我介紹並遞送宣傳單，希望他們下午有空，可以考慮去自由路黃昏市場訂位擺攤，就這樣歷經挫折，才逐漸把攤位填滿。

很快的，自由黃昏市場正式開幕日來臨，一九九六年農曆六月二十八日，她一顆心忐忑不安，擔憂一早就盤據心頭：「會有人來嗎？」、「人多不多？」。一旦人潮不如預期、攤商就臉綠，那麼以往的批評聲浪將再掀起，攤商也會逐漸散去。幸好，開幕當天下午三點多，人潮開始湧現，近五點時已是萬頭攢動，自由黃昏市場一片車水馬龍，團隊喜極而泣，終於看到成功開幕這一天。

萬事起頭難，開幕活動謝幕之後，經營挑戰才剛開始。畢竟生鮮食品要靠信任感維持顧客忠誠度，客人才會因此逐漸變多，初入行的他們雖然舉辦各種活動吸引人潮，但是攤商對於行銷活動配合度極低，只要有幾天生意不理想，就會出現集體退攤的效應。除此之外，攤商也缺乏共同經營商場的觀念，習慣流竄於街道、省掉租賃成本的不穩定經營模式，因而違規停車、裝卸不按規範、機車騎入場內、垃圾亂丟。

他們並沒有預期此情況的發生，只好與不配合隨興的攤商溝通經營理念，強調攜手經營、活絡商場、安定生計等共同目標，加上以誠信感化的軟性訴求，配合活動的付出，才得到攤商的認同，正面力量終於如蝴蝶效應般奏效，吸引更多消費者前來；同時，沒遵守規範的攤商與顧客，也受其他人的規勸而導正。

## 避免攤商壟斷
## 投入經營以平衡價格

創業容易開業難，營業容易賺錢難。為避免互相惡性競爭，在開始經營「自由黃昏市場」時，她曾經承諾攤商「同類營業保障」條款：針對販售同類型品項的攤商，原則上只允許二至三家。此立意良好，但卻造成同類攤商聯合提高和壟斷價格。

經過三、四年，自由市場經營陷入困境，消費者發現商品價格普遍高於行情，採取具體行動抵制。他們雖然立即與攤商協商降低售價，但效果維持不久，後來經過股東會議同意，團隊決定針對市場內商品價格過高的業別，自行設攤投入經營，並用一般市價競爭，以建立消費者信心與避免攤商壟斷，達到「平衡價格」、「保障消費者權益」的目的。

自行設攤目的不在「賺錢」，志在保護消費者，因為有人潮才會帶動錢潮，攤商就會有好的收入，這才能安定市場與攤商共創商機，但，畢竟隔行如隔山，先前成本居高不下，損失也不在話下。有捨才有得，自由市場的商品價位總算穩定下來，成為高雄市民一個休閒購物的好去處，迄今已連續經營二十餘年。另外一個「得」，是意外開啟事業第二春：「賣菜」。

## 平價策略
## 導入農藥檢測制度

一九九八年，在右昌地區開了第三家「德民黃昏市場」，二〇〇一年，她在這裡設攤賣蔬菜。從頭到尾徹底親力親為，並請專家來指導，包括商品如何分類擺設、如何交叉販售，以及每項產品如何保存，剩貨怎麼處理……，猶記得她只想稍加變更營運模式，就被專家當頭棒喝：「你懂什麼？」的尷尬情境，但她仍咬緊牙根學習，決定要做出一番事業來。

那段期間凌晨四、五點就要起床，六點集合，跟著貨車趕到西螺果菜市場叫價採買，忙到中午左右再運回德民，開始分類、包裝、鋪貨、販售，收攤後又忙到晚上接近十一、二點，帳務清楚後匆匆就寢，第二天凌晨四、五點起床，就這樣周而復始連續忙了一年多，才終於建構一支強而專業的團隊，順勢成立了營業部門。

不過一開始營業部並沒有賺到錢，直到後來規模經濟建立，以及尚青集團執行長建議改用「平價策略」：所有賣價只用進價加上人工成本；全部平價賣，虧本也無妨。對於這樣的建議，當然相關經理人執意反對，很難落實執行，執行長只好再找大家來開會並強調：「給我三個月就好，執行看看。」大家才真的硬著頭皮照辦；結果三個月後結算，不僅沒虧錢還有盈餘，重點是市場也活絡了，客源一直攀升，於是，「平價方針」沿用迄今。

這次她領悟，原來不想賺錢就會賺錢，光想賺錢反而會賠錢。想起台灣諺語：「賣土賺金，賣金賺土」、「利多利不多，利少利不少」。原來執行長以低價策略大量批售，增加周轉率、以量取勝，終於積小勝為大勝，反虧為盈。

二〇一一年，鑒於食安問題日益為民眾所重視，率先以身作則，建議集團賣蔬菜導入「農藥殘餘量藥檢」制度，建立品牌與同業做出差異化，並引進檢測儀器，委任農委會培訓二十幾位檢驗師，落實執行蔬菜檢測，甚至設定值遠低於國家規定允許值三十四PPM的標準，尚青自己要求二十五PPM，初期供應商及產農也不相信公司會真的執行，貨被退了幾次以後，時間一久，供應商學乖了，才老老實實遵守規範，要求所屬契作農民按規定施肥、用藥，不搶收、不超劑量，並於二〇一二年起連續五年，榮獲「全國蔬菜檢驗極特優獎」之殊榮，同時也博得消費者青睞，業績更上一層樓，賣菜儼然成為集團重要營收來源。

## 黃昏市場經營祕訣
## 留住攤商

她回憶，岡山黃昏市場招商時，剛好是黃昏市場的戰國時期，其他業者看到自由市場成功而紛紛另起爐灶；結果，攤商選擇性變高而呈現招商困難，招了半年，攤商才滿二成多、開幕一再展延，實在沒辦法，只好拋出「全年免租金、補助開辦金」的絕招，並提高同業競爭門檻，摒除一些未來的同業競爭者產生，才勉強招到六成滿，但離八成招商率還有一段距離。最後，集團執行長採用變通辦法，要求自己人下去經營，結果，她立刻面臨二十幾個空攤位要開張的挑戰。

那段時間距離岡山黃昏市場開幕只剩不到兩週，她立刻想辦法張羅與開辦了十種類別，想辦法把攤位填滿，首先依市場經驗找出本次招商所欠缺的業種、而且是自己做得到的業別。

她印象最深的是販售港式燒賣，當時只有餐廳才能吃得到，她找供應商增加銷售通路並整合廚房設備商、研發設備改變販售模式，一開始經營就大獲成功，末了退場時，還有人願意出權利金跟她買。最感謝供應她肉粽的阿婆，因為生意太好，不能斷貨，還一面吊點滴、一面繼續幫她包肉粽出貨。

林林總總二十幾格攤位，都在她與莊金美協理共同合作經營有成後，轉讓給已培訓且經營穩定的員工承接，以安定員工生計及穩定市場繁榮。何況這些接手的人，都成為死忠的市場攤商班底，因為這一份「感恩」情義而彼此相挺、不會轉移陣地，這是千金難買的交情，她則繼續回到經營管理層面。

攤商是市場的財源，碰到攤商不擅長經營時，他們也會主動幫忙輔導，並且安排至其他市場觀摩學習、同時引領介紹達人指導；也常碰見同行來挖牆腳，但她總以大方向對著攤商喊話：「珍惜現有成果、互利、共享，若到別的地方還要重起爐灶，如人手足夠可以拓點經營、不要放棄這裡歸零、枉費過去經營累積的客群。在這裡績效不理想，還可以共同討論缺失或改變，因為公司非常認真經營、制度完善，這是有目共睹的。」在這些溫情號召下，她總是能成功留住本來心有異動的攤商，願意繼續留在市場打拼。

同時，獎勵新進攤商，提高競爭力給予租金優惠，但條件就是要認真經營、出勤率高，約定好月休六天，超出不給予優惠。鼓勵他們，必須要自己願意付出才能談收穫，天下沒有白吃的午餐，你願意耕耘自己，我們就獎勵幫助你成長。

因此尚青集團在高雄市自由路、大寮區後庄、楠梓區右昌、岡山、屏東市中山、屏東潮州，台南市永康共有七個黃昏市場，每個市場的籌辦、開幕，都堅持初衷，比照自由市場的經營模式，一路走來，始終如一。

## 感謝生命中貴人
## 讀EMBA學管理經驗

就像牛頓的名言：「如果說我看得比別人遠，那是因為我站在巨人的肩膀上。」她說，之所以能翻轉人生，首先要感謝兩個弟弟及么妹在企業體內彼此分工合作；尤其二弟楊金龍擔任集團執行長，身先士卒又任勞任怨，屢次獻策得當、化解集團經營危機。大弟細心用心管理，讓市場維持亮點，屢創佳績，此外，還有丁副總、蔡協理、莊協理，對營業部門，從零到擁有專業團隊，全力以赴的敬業態度以及集團所有員工，沒有他們的支持與付出，她人生不可能翻轉，她說：她母親常提示：「吃果子拜樹頭」、「人要飲水思源」懂得感恩。有感恩的氛圍就有愛的傳遞，「家」是最好展現的地方，用「家」之核心來經營團隊，感恩團隊裡所有家人。

事業穩定之後，為了獲得更多管理知識及經驗，她選擇進入中山大學就讀ＥＭＢＡ，擴展自己的學習與生活領域，就學收穫讓她的管理思維更細膩更系統化，得以運用在公司營運上，在人際上，如獲至寶的是每位同學都是業界的佼佼者，每位都擁有很精彩的人生奮鬥故事，彼此樂於分享奮鬥經驗經，學習到成功後沒有架子，謙卑待人平易近人的生活態度，她很榮幸能與他們成為同學，更珍惜這樣的學習機會。目前，尚青集團員工有近二百人，將所學呈現在每月固定實施教育訓練，讀書會、個案處理講習，力行組織扁平化。

上善若水和「利他、善的循環」，是她做人處世的理念。利他，必然利己；但若先強調利己，則反射後恐怕失焦。善的循環是指，善跟水一樣會不斷循環，而且不斷把雜質帶走，只留精純在人間；她期待自己的企業能「造善」、與人為善，然後不斷循環，最後，回到每個人身上。

Tips

## 那些EMBA教會我的事

- 用低價策略大量批販，增加周轉率，以量取勝，終於積小勝為大勝，反虧為盈。
- 鑒於食安問題日益為民眾所重視，率先將蔬菜導入「農藥殘餘量藥檢」制度，以身作則，建立消費者信心。

- 「留住攤商」，是黃昏市場經營首要法則，攤商被挖角，你的攤位七零八落，消費者看見門庭冷落，就不會再來。
- 每月固定實施教育訓練，舉辦讀書會、個案處理講習；並且力行組織扁平化，以便利快速反應、有效解決。
- 堅守企業的經營理念：利他，善的循環，反射的結果，必然也利己。
- 提高新進攤商競爭力、制定休息制度、符合條件者給予租金之優惠，要自己先努力付出才能談收穫。
- 謙卑待人，平易近人的生活態度。

甘琳農業有限公司董事長

# 郭鎮雄

「把蘭花當資訊商品，把同業當合作夥伴。」

▲老婆是他生命中的貴人，長久以來郭鎮雄最感謝共同奮鬥的老婆。

PROFILE

## 郭鎮雄

出生：1963 年

現任：甘琳農業有限公司董事長

學歷：國立中山大學 EMBA

經歷：台灣蘭花產業發展協會監事長、副理事長

專長：花藝設計、花卉栽培、種苗輸出入、國際貿易

第十章

# 蘭花大王奮鬥故事
# 翻轉市場經濟

台灣，曾經是蝴蝶蘭的王國，荷蘭崛起後，光環逐漸西移，現在台、荷兩國，爭奪的是國際蝴蝶蘭市場。

甘琳農業有限公司，一家隱身於屏東潮州的蘭園，經過父、子兩代持續經營，累積了許多的智慧與能量，現正發光發熱，企圖將本土蘭花業帶向現代化企業經營管理的腳步，以期望能在國際競爭市場上永不缺席；他們的奮鬥故事充滿真誠樸實，令人動容。

## 奇貨可居蘭花熱潮
## 一株價值一棟樓房

一九六三年次的甘琳農業董事長郭鎮雄，最初並不是做蘭花這一行，學校（高苑工商商業科系）畢業後，剛開始是投入建築業，從事市場行銷、市調的工作，雖然頗有心得，對於人情世故、交際應酬，也學到一些技巧及應對方法；但當他退伍後，父親反對他進入建築這一行，於是他只好跟著父親一起賞玩蘭花。

一九七〇、八〇年代，養蘭人家普遍還不具規模，大多是玩家性質，同好之間彼此賞玩、交換心得，基於觀賞興趣，自己少量種種幾株，還稱不上是生產企業，可能連「行業」都稱不上。

那時的蘭花鑑賞人士，也大多集中在社會高層、所謂「三師」族群的醫師、律師、會計師，往往想買一盆蘭花，只要一出價便是常人一整年、甚至兩三年收入。因此，奇貨可居的蘭花熱潮，也逐漸吸引更多人加入這個領域，蘭花產業開始漸漸的規模化起來。

自從跟著父親開始賞玩起蘭花之後，郭鎮雄逐漸嗅到它的潛力與價值，發現它不單純只是一朵花，而是花中的「鑽石」、金屬中的黃金，於是，看它的眼光改變為可以交易的「商品」。懂得賺錢的人，從任何事都可以看到商機，但絕不能蠻幹，也不能光憑運氣，於是他決定參加行政院農委會台東農業改良場的講習課程，開始認真學習種植蝴蝶蘭。

原來美麗的蘭花，就跟女人一樣難以捉摸，它的開花期只可以被專家控制，不像稻米、水果或其他花種，有產期、出花期可以預測；它其實比較像外星生物，深潛緊藏，很難一窺它的廬山真面目。

▲2006年在潮州現址找到土地，花了2年就蓋好，占地總共7公頃約2萬2千坪。

◀蘭花屬於全方位商品，它的各個成長期都可以分別出售，農場從瓶苗、小苗、中苗到大苗都有生產和銷售。

▶甘琳農業在加拿大分公司的外觀和辦公室。

◀潮州鎮長洪明江（圖右）來公司參訪，郭鎮雄提供 600 株開花株義賣。

幸好在國內專家的不斷努力下，例如任教於國立中興大學農業暨自然資源學院，生物產業機電工程學系的陳加忠教授，以及台灣大學園藝暨景觀學系的李哖教授，藉由他們經年累月的研究與成果分享，逐步掀開蝴蝶蘭神祕的面紗，解構了它的生命週期與催花條件，於是，蝴蝶蘭開始從神壇走下，變成可以量化生產的商品。

但是話雖如此，蝴蝶蘭還是有它的頑強與任性，拒絕你的標準化與預測，從育種、瓶苗、小苗、中苗、大苗，到開花，每個生命週期，都只能用「左右」兩個字來估算，例如，瓶苗生存期二至三個月左右，小苗階段五至六個月左右，中苗階段五至六個月左右，大苗階段也是五至六個月左右，若要它開花，則必須在花期前五個月左右放入冷房催化，成長溫度是30℃±2℃，催花溫度是18℃±2℃；當然，它還不見得一定按照你所希望的花期順利綻放。

## 由趣味到規模化玩家變農家

換句話說，預計明年春節要作為節慶賀禮送人的蘭花，最遲去年春節就要開始栽培，然後在今年約八月份送入冷房催花，除非它剛好開在明年春節年假中，否則太早或太遲的美麗，可能都無人青睞只能滯銷（有大小月）。這就是這個商品的不可預測性、侷限性，以及栽培操作上的複雜性。

多數人可能不知道，能從當令買到一盆綻放美麗絢爛的蝴蝶蘭，又正好在朋友喬遷新喜的那一天送過去，是一件多麼不容易的事；看似理所當然的背後，其實蘊藏了很多的汗水、巧合、機緣，與幸運。

郭鎮雄立志要跟這樣充滿不確定性的商品搏鬥。剛開始，因緣際會在農委會台東農業改良場的講習課程中認識了林萬枝同學，剛好他在美國加州有市場及客戶群，於是郭鎮雄透過他帶往美國考察，展開通路貿易；後來，為了供貨的穩定，又決定自己投入生產。對客戶而言，因為量產，以多取勝，可以準確預測開花的比例就高，花色可選擇性也更多，育成率也較有保障。於是，他在屏東南州設立農場，有溫室、冷控房，算是小有規模。

起先，他接觸到的是「拖鞋蘭」（因為花型唇瓣長成袋狀像拖鞋，後來稱為仙履蘭；郭鎮雄也當過仙履蘭協會的副理事長）；早期拖鞋蘭還有很高價位，記得每次到國外拿回新品種要試驗時，總是守密到家，如臨大敵，因為怕同行好友半途攔截陳情，硬要他割愛轉讓，所以總是偷偷摸摸，有時連家人也要隱瞞，免得說溜嘴引起麻煩，可見台灣蘭花業

▲公司員工 32 人，每年固定舉辦一次員工旅遊。

▲2006年國際蘭展，總統蒞臨剪綵，當時郭鎮雄就是協會副理事長。

▶俄亥俄州美國蝴蝶蘭生產量最大公司，年產量750萬株，郭鎮雄去參觀後，將回到農委會簡報美國栽種和銷售情況。

◀郭鎮雄代表協會，帶隊參展年度最重要的「芝加哥園藝博覽會」，蒐集美國市場的變化作為參考值。

草創初期資源缺乏之一般。

郭鎮雄女兒郭亭利，也擔任公司的特助，回憶起兒時看見創業初期的爸爸努力模樣：「印象中晚餐時，爸爸經常很難完整吃完一碗飯，一下子跑花房，一下子客人來訪，一下子又要忙品質檢查……」晚餐經常是從一家人團聚坐定開始，到最後三三兩兩吃完結束。

由趣味到量產，由玩家變農家，郭鎮雄把興趣變成工作後，很快的累積了第一桶金。

## 節省成本<br>廣泛設場開啟第二春

在屏東南州的農場經營了二十五年之後，因為場地太小（只有〇・七公頃），後來向陸仕企業租四千坪溫室栽種，但光是維修費加上場地就吃掉太多獲利，所以他決定另起爐灶，覓地自建。二〇〇六年在潮州現址找到土地，立刻開始興建，花了兩年就蓋好，占地總共七公頃約二萬二千坪，但是卻差點付不出工程款倒閉。

原來是銀行核准的融資不能準時匯進來，竟然卡在農委會的使用許可而遲遲未核發，郭鎮雄回憶起那段時間真是度日如年，每天都有包商上門給臉色，內心的煎熬只能用「生不如死」形容；後來靠著好友資助，及現任潘孟安縣長到農委會了解緣由並協助解決後，才克服難關、獲得銀根，否則，當時真的是窮途末路。

蘭花屬於全方位商品，從不同階段的苗期到成花，它的各個成長期都可以分別出售，都可以成為一項獨立商品；農場從瓶苗、小苗、中苗，到大苗都有生產，都可以販賣。

台灣是蝴蝶蘭出口王國，早期是開花的整株蘭花坐飛機運到國外，而現在是大部分以「苗」的方式，搭冷凍空調貨櫃到國外，目前年銷量約三百萬株，百分之九十出口，國外客戶再自行催花賣到市場，主要客戶還是美國、加拿大。

平時，為因應國外客戶的要求及做到市場效益最大化，他必須不斷研發新的、育成率高、適應性佳且轉栽培植容易的品種，其中如果花色奇特鮮豔更佳；那就是這行的競爭力所在。蘭花賣的是「美學」，包括花型完整、色澤繽紛豔麗、整體感優雅高貴、彷彿觸動你的美感神經，那麼這株蘭花，價值難以估量。

早期的台灣，常常有一株蘭花品種賣出一棟樓房高價的例子，這絕非炒作，的確是買家愛不釋手，非傾盡家財得到不可；或者轉栽成功，再賣回市場，價格翻倍賺回。因此，研發能力，攸關一間蘭園的獲利與存亡。就在這樣的認知下，郭鎮雄展開另一個「同業資源整合」的計畫。

## 結合同業共同研發
## 建立平台資源整合

台灣蘭業一向是一個「封閉競爭」的產業，無論任何人開發出新品種，絕不可能與他人共同開發市場，往往視如珍寶，吝於分享，也都是單打獨鬥的行銷。郭鎮雄企圖打破這個局面，展開新的嘗試。

六年前，負笈加拿大深造的長子郭耀庭（目前任職總經理）回國後，就立刻投入甘琳農業蘭園的工作，父子倆分析解構市場的未來趨勢後，決定改變經營方向，朝向與同業「策略聯盟」的模式進行整合，於是開發出「交易平台」、資源共享，以通路的模式經營。

換言之，同行（供應商）研發新品種，在技術、資源上可以分享、交流，甘琳農業有限公司類似一個中心大廠的位置；供應商品種開發成功後申請專利，同時透過甘琳農業的交易平台展售，甘琳負責推廣、透過通路行銷，所獲利潤雙方共享。

除了銷售利潤，甘琳還付給供應商應得的專利費用，例如每賣出一株，就要多付出幾元給供應商，以表示尊重智慧財產權利。這樣的體制，若要長久運行，只能建立在「誠實」、「信任」、「公開」的基礎上。

**誠實：**新品種的開發過程沒有瑕疵，無論是技術取得或是研發累積的專業知識，不牽涉到盜取或假冒。

**信任：**中心大廠盡到保護供應商的責任，包含保護其專利技術和智能不外流，同時在計算利潤及專利費用時，確實照數給付。

**公開：**雙方坦誠布公，核實分配利潤，共同面對解決問題。

郭鎮雄知道這是關鍵所在，幸好憑藉著長久以來在地方的人脈經營以及商譽，很快的就獲得供應商的信任。但信任不是一朝一夕可以累積，更不是嘴巴說說就有人埋單；信任是一種洞察、長久以來的觀感與認知，以致形成一種口碑及認同。

他待人以誠、謙虛有禮，對人總是尊稱，絕不失禮於任何一個人，即便是陌生或看來卑微的人，他也絕不心存輕慢，得罪於人。因為，作為一個「人」的基本價值是相同的，他尊重這價值，不因人的貴賤貧富有所差別。因此，他給人印象總是謙沖隨和、虛懷若谷，有古君子之風。只要正式去拜訪人，他也一定攜帶伴手禮，因為禮多人不怪，讓人感覺他對這份友誼的珍惜與尊重。

就是這樣樸質淳厚的人格特質，讓人感動，也名傳千里，蘭花界都知道屏東有這麼樣一號人物存在。人格的魅力，就是最好的信用。所以當他建廠，遭遇銀行資金來不及撥付的困境時，一堆人二話不說，願意解囊相助，要知道這可是上億的金額。這一切憑藉的就是人格魅力，「信用」兩字，正如台積電光憑著「張忠謀」三個字就訂單不斷。

信用不是問題後，郭鎮雄的資源整合平台事業很快發展起來。現在，固定配合供應商就有二十餘家，新研發品種一百五十餘種，透過甘琳架構的交易平台及通路，大量銷往國內外，為彼此創造了一個雙贏的新利基市場。

資源整合是「相乘」的效果，比起惡性競爭的「相減」效應，天差地遠，甘琳已經起步好幾年，也做得不錯，但郭鎮雄不敢自滿，時時審視國內外嚴酷的競爭環境，繼續思考著下一步要怎麼做。

## SWOT分析 知敵知彼，百戰百勝

荷蘭人可不是省油的燈，他不可能輕易把市場拱手讓人。荷蘭和台灣的蘭花戰爭，已經打了十年還沒結束，台灣人打得很辛苦，因為台灣是孤軍奮鬥，荷蘭人有政府的資源做後盾，後勤源源不絕。

甘琳總經理郭耀庭說，荷蘭有兩百年農藝經營歷史及市場經濟的經驗，以前種鬱金香，已經席捲歐洲財富一次，現在又幾乎把全部精力用在種蘭花，意圖稱霸世界，反映在銷售事實面也的確如此，無論歐洲、美洲、日本、南韓、澳洲……，台灣的市占率永遠排在荷蘭後面，原因無他，就是荷蘭政府鼓勵加上規模經濟。

以經營規模而言，在台灣，三萬坪的蘭園已經算是很大，但在荷蘭，這只是基本。另外還有在地優勢，荷蘭就在歐洲，離美加也不遠，但台灣，要繞過半個地球。所以，他隨時充滿危機感，不敢輕忽大意。

他和父親郭鎮雄認真討論後，整理出公司的SWOT分析：

**S（Strength：力量、優勢）**：從祖父因興趣而養蘭，到父親專業化經營，現在更規模化積極研發、產銷、通路合一，甘琳的整合能力及優勢，短期內很難被超越，但重點是兵敗於驕，生於憂患死於安樂，因此好要更好，不僅要守住優勢，還要管理優勢，拉大與競爭者的距離，才能持續保持領先。

**W（Weakness：弱點、劣勢）**：台灣蘭業由於產業封閉屬性，二、三十年來一直未能培養出屬於這個領域的專業經理人，因此在經營管理、專業知識、研發技能、市場通路行銷、E化領域、國際競爭……，一直是畫地自限，沒有交流的平台，專業經理人其實是一個很好的機制，不僅協助經營管理，透過他的經手，也可以了解、學習同行的優點及技巧；現在既然無處尋找，只好自行培養，因此，郭耀庭自我期許，要努力成為一個專業經理人，協助父親郭鎮雄導入現代化企業經營管理的模式。

以往，他與父親在公司發展的一些面向上溝通不良，但自從父親就讀中山大學ＥＭＢＡ之後，他發現，與父親有了共通的「企管語言」，父親開始懂得他說的是什麼，因為上課有教，他也能很快讓父親理解他的想法及做法，從此溝通無礙，加速親子彼此之間的理解與認同。

就這點而言，他認為父親去念ＥＭＢＡ是非常正確的抉擇，因為，在相當程度上，它消除了父子間經營管理理念上的一些代溝。

O（Opportunity：**機會**、**潛能**）：目前整合後的產品有一百五十幾種，對客戶而言，都是易於照顧、成長速度快、適應力強的品種，產品具高度競爭性，能很快進入市場，幫助客戶快速獲利。

T（Threat：**威脅**、**隱憂**）：荷蘭在國際上競爭未曾稍歇，且有逐步拉開的態勢，以目前產品約百分之九十出口而言，競爭壓力非常大，稍一不慎，就要滅頂。

因此必須穩固現有通路、增闢其他通路，同時在量、價上做到最大效益化，才能有成本優勢，進而回饋客戶，穩住客戶。

## 肯捨才能得 熱心公益

郭鎮雄說，為人處世，「捨得」最難，肯捨才能得；原來這是一個公式，但一般人只看公式右邊（得），忘了左邊（捨），所以他自我要求，熱心公益，贊助活動。

他平常捐助學童營養午餐，年節捐六百株蘭花給潮州鎮公所義賣，所得資助弱勢家庭；還固定每年提撥數十萬元捐棺，協助窮人家庭處理後事，即使連ＥＭＢＡ的學校活動，他也贊助費用，例如，馬拉松賽跑他贊助十萬元，戈壁長征他也贊助了五萬元。

屏東縣文化局舉辦的演出活動，票房不好請他幫忙，他一口氣買了一百張門票分送親友、學生觀賞；就是這樣熱心助人的好好先生形象，讓他蟬聯「台灣蘭花產銷發展協會」常務理事三年、副理事長三年、常務監事十年。

同時，他將養蘭的心得、技巧、經驗無私傳授給下一代莘莘學子參考，以期望讓這個產業後繼有人，帶進更多創意、開拓更多空間。

郭鎮雄也以他的身教、言教深深影響到三個小孩，老大、老二目前都在企業幫忙，樸質、精誠、實在，完全沒有嬌貴之氣，相反的，是南台灣豔陽天下，揮汗如雨的兩個黝黑臉龐，數過一株又一株的蘭苗，穿梭於不同溫室的匆忙勞碌身影。

總經理郭耀庭說，父親對他最大的影響，是對人謙虛有禮，無論親疏，認識或陌生，絕不輕忽應有的尊重及禮節；父親事業有成，但數十年如一日，絕不對人惡言相向，從來對人禮讓三分。

郭耀庭認為，這是很難能可貴的，因為「有，要示之無；尊，要示之卑。」相對於一般只想富貴就要衣錦還鄉的人而言，無疑是另類，但父親個性就是這樣，因此他人緣很好，從不樹敵，這點對於日後他們要建立產銷平台，結合同業策略聯盟時有很大的幫助。因為在業界，父親以「只有合作夥伴，沒有競爭對手」的胸懷經營事業，這點終於在尋找策略聯盟廠商時發揮了效果，諸多同業都樂於與他一起攜手合作，這也是甘琳的「軟實力」：敬業樂群，甘苦共嘗。

但對於郭鎮雄而言，最大的遺憾是，最感謝的、長久共同奮鬥的老婆，卻在甘琳正要以全新姿態大展鴻圖時因癌症辭世。最親愛的老婆是他生命中的貴人，因相親而認識，因相愛而廝守一生，任勞任怨，無怨無悔，她撐起這個家，協助他撐起這個事業，一個成功男人的背後，必定有一位偉大的女性，誠哉斯言。

甘琳未來將繼續在台灣蘭業發展的崎嶇道路上，勇往直前。它帶給這個國家美的競爭力，用它美麗的產品，時時刻刻提醒所有的消費者，地球上，還有一個美麗的國家存在。

Tips

## 那些EMBA教會我的事

- 「把蘭花當資訊商品，把同業當合作夥伴」，建立網路平台、資源共享、策略聯盟。
- 為因應國外客戶的要求及做到市場效益最大化，必須不斷研發新的、育成性高、適應性佳、轉栽培植容易的品種。
- 蘭花賣的是「美學」：花型完整、色澤繽紛豔麗、整體感優雅高貴；這株蘭花價值難以估量。
- 朝向與同業「策略聯盟」的模式進行整合，於是開發出「交易平台」，資源共享、以通路模式經營。
- 供應商品開發成功後申請專利，同時透過交易平台展售和推廣、透過通路行銷，所獲利潤雙方共享。
- 中心大廠盡到保護供應商的責任，包含保護其專利技術、智能不外流，同時在計算利潤及專利費用時，確實照數給付。
- 比起惡性競爭的「相減」效應，資源整合是「相乘」的效果。
- 必須穩固現有通路、增闢其他通路，同時在量、價上做到最大效益化，才能有成本優勢，進而回饋客戶，穩住客戶。

# 余勢雄

家蒂諾—溫莎花園鐵板燒董事長

#「懂得彎下腰的人，才能夠跳得更遠。」

▲余勢雄帶領鐵板燒師傅，關懷老人免費請老人吃鐵板燒。

PROFILE

## 余勢雄

出生：1963 年
現任：家蒂諾—溫莎花園鐵板燒公司董事長
學歷：國立中山大學 EMBA
專長：投資行銷、餐飲管理

## 第十一章

# 饕客開餐廳
# 三百年鐵板燒傳奇

餐飲，本身就是一趟旅程；有時，它像一場豪華宮廷中的饗宴。這裡，布置得美輪美奐，巴洛克、洛可可等各種美感質素，搭配地中海型的優閒浪漫風格，融合得無比精確而自然，你往椅子上一坐，彷彿置身頭等艙，人生不同價值就在其中展現。

專屬大廚就在你面前，以優雅嫻熟手藝為你烹煮各種美食，若你想來一杯紅酒，架上滿滿都是。用完主餐，你挪動身影，咖啡悄悄送上，當你還來不及驚訝，吧台旁的優雅樂聲已經彈起，沒錯，是一位駐唱美聲家正引吭高歌，你坐在彷彿被幸福擁抱的沙發上，美好的時光似乎駐足、永不散去。這裡，就是高雄的「溫莎花園」鐵板燒餐廳。

### 從小獨立生活
### 培養不服輸性格

「從小自己準備三餐，長大後為別人準備三餐」的家蒂諾溫莎花園鐵板燒創辦人余勢雄，童年就獨立生活，食衣住行、柴米油鹽都樣樣自己來。他上有兩兄兩姊，但因為父母長久失和的關係，一家人折得四分五裂，最後，只留下他一個人「看家」，其餘各奔前程去了。

他所看的家，門板不全，窗戶沒有玻璃，當然，連電視機也沒有，大概只剩下最基本的打地鋪、盥洗，以及簡單炊煮功能；每隔一段時間，也許一個星期或半個月，母親會突然出現，給他一些錢買食物、日常用品，然後又忙著工作賺錢。

從讀國小開始，雖然上有父母兄姊，但童年幾乎一個人孤獨過完，放學後就面對空蕩蕩的家，開始煮飯、燒菜、洗衣，一人吃飽全家吃飽，功課自己寫，家長也不用跟老師聯絡。

幾點上床沒有人管，早上睡到自然醒，因為門窗都有破洞，同學經過他家門口順道放眼一瞧，余勢雄還在睡覺，趕緊叫人，於是他匆匆起床、書包一抓，加入路隊就往學校走，幾乎每隔兩天，他就會遲到一次。老師看他可憐沒人管，叫他去補習，而且補習費打二折（別人交一百五十元），但他連這三十元也交不起。幸好，他功課並不差，經常保持在前面三分之一。

最遺憾的是家中沒有電視機，有一年流行《科學小飛俠》，隔壁鄰居家中正在播映，他一面煮晚餐、一面跑去偷看，結果爐火無人看管而釀成火災，幾乎把房子都燒了；後來

◀▼圓頂廳包廂及vip貴賓包廂。

◀副餐區強調優雅浪漫，客人可以聽音樂、享用甜點和飲料。

▲擁有300年資歷的鐵板燒師傅群。

▼深海龍蝦。

▲法式松露鴨肝。

媽媽得知，還特地回家把他痛打了一頓，那種痛，他現在還記得。

但痛抵不過誘惑，沒隔幾個月，他又一面燒飯一面跑去隔壁偷看電視，結果這次燒得更嚴重，出動了多輛消防車，奇異的是，煙霧中大家只見一個小孩子不斷進出火場，原來就是他，因為上一次被媽媽打怕了，這次怕被打死，於是拚了命想盡一己之力，協助救火或多搶救一些財物，免得挨棍。

當然事與願違，被打得更慘。但是，也就是童年這段經歷，讓他比別人早熟，同時也愛上「炊煮」這件事；一直到現在，他每每看到新鮮食材，就會開始想像它可以變成什麼樣子，經過加工與搭配，可以增值到什麼價位……，也許可以說，童年對於「吃」的滿足與嚮往，造就今日的他。一直到升上國中，家人才陸續回來，這個家終於開始完整。

## 野雞車攬客
## 滿足客戶需求

高中時就讀高雄高工機械製圖科，臨入伍時抽到三年兵役，兩眼一呆，為了躲掉這三年役重抽，只好繼續升學，結果考到二專部的台北板橋亞東工專，這次念的是紡織。畢業退伍後，第一份工作是回到高雄，在九如路交流道附近，當野雞車攬客員。

攬客，可不簡單，余勢雄說，你要懂得客戶需求，譬如他想在哪裡下車，你就要替他規畫一下路線。方便的話，跟司機說一下沿途放人就好；不方便的話就開始找人，湊夠人數時公司也願意停。

這需要反應快、路線熟、還要有耐性，重點是：要有服務的精神，視客如親，否則做不來。他愈做愈好，甚至在公司整併時，能夠入股成為股東，並且隨著公司成長而身價也水漲船高，這家公司現在叫「阿羅哈」客運。

有了第一桶金，他開始尋找投資管道，一九九六年，他開立汽車旅館。他說，因為這個行業的客人默默的來、默默的去，既不會惹麻煩也不投訴。他經營得很成功，不僅賺錢，連轉手頂讓出去時也大賺一筆。這家汽車旅館現在還在營業，可見他當初投資的眼光精準。

接下來，他投資做保齡球。曾幾何時，台灣是保齡球王國，球道一條一條開，店面一家比一家大；在最輝煌時，一局可以收到一百一十元，保齡球成了全民運動，老闆口袋都滿滿。他也曾經在這行賺過錢，但隨著競爭者一窩蜂的結果，行情逆轉；店面太多造成供過於求，只好殺價競爭，一局殺到剩十元，哀鴻遍野。

他還記得在結束營業前幾晚，逛夜市時看到有攤販擺設「手打保齡球」遊戲，客人拿著尺撥弄鋼珠進入球道、累計積分換獎品，一局也是十元。他大吃一驚：「我投資數千萬

◀余勢雄說，讀EMBA就是在開心中學習，並且廣結善緣，多交一些朋友。

▶美濃白玉蘿蔔收成拔蘿蔔。

◀EMBA到日本黑部立山畢業旅行。

◀▲余勢雄的幸福家庭，擁有一對孝順兒女。

▶余勢雄夫婦暢遊蘇州誠品書店。

元，打造一個球道幾百萬元，我還要負擔折舊、人員薪水、成本、稅捐，客人打一局也才收十元，夜市這小玩意，居然收費跟我一樣多？」他知道，這生意不能做了。

果然，不久之後，台灣保齡球業紛紛收攤，競相把球道賣到大陸，這行業的黃金期到此結束。

## 由饕客到開餐廳
## 陰錯陽差

閒暇時，他喜歡逛餐廳，最喜歡一家叫做「凱蒂諾」的鐵板燒餐廳，他經常流連忘返。沒想到這家餐廳突然關門，大廚、鐵板燒師傅流離失所，甚至淪落到夜市賣攤販鐵板燒。不過，念舊的他，還是經常去找這些鐵板燒師傅聊聊天，一方面敘舊、一方面給他們捧捧場。

有一天，他住家樓下的餐廳要歇業，房東跟他是好朋友，鼓勵他接手經營。外行的他竟然憑著一股衝動直接答應。他回憶，當時只想讓原來「凱蒂諾」的鐵板燒師傅有工作做，自己也有地方可以方便吃鐵板燒，想重溫那種感覺，於是沒經過任何評估，就一口答應下來，事後他也懶得後悔，就開始張羅起來。仔細想想，這應該不是一時興起，而是長久以來、印象深刻的童年生活所累積。

童年，經常吃不飽，自己炊煮，有一頓沒一頓的，想湊齊三、五道菜都很難，每次拿到食材，就思索著要如何做最佳利用；所以他喜歡吃鐵板燒，因為鐵板燒的食材都盡現眼前，饕客看得到、聞得到，跟他童年的生活經歷一樣，這是心理學上的「反饋、補償」作用，童年的不滿足，練就了他對於食材利用的敏感度與效率要求。因此他喜歡坐在鐵板燒前，而鐵板燒師傅，其實就是童年的他自己。

## 投資上海餐廳失利和市府打官司

因此，當他坐在鐵板燒前，自然而然和師傅打成一片，因為他彷彿看到童年的自己，正在熱心張羅晚餐的一切。

於是，將心比心，他不能看到這些鐵板燒師傅失業。就這樣，他決定租下樓下舊餐廳改成鐵板燒，同時，為了紀念「凱蒂諾」鐵板燒的味道及讓師傅有認同感，他將新餐廳取名「家蒂諾」，開始重新裝潢。

好事多磨，「家蒂諾」鐵板燒（七賢一路）正在裝潢，設計師卻告訴他一個消息。原來上海有一座東正教大教堂要資產活用，設計師鼓勵他前往投資，於是余勢雄投資新台幣近五千萬元，在靠近上海襄陽路的這座俄國教堂，大張旗鼓準備開餐廳。

正在裝設期間，但是隔間、立柱、裝修，皆受到重重阻撓，原來這是古蹟，非經過房管局同意，一磚一瓦都不能移動；短短開幕不到一年，就吸引許多人潮並受到熱烈關注，當時有些俄羅斯的旅客參訪東正教堂，突然發現自己國家的神聖殿堂被改裝成餐廳，引發某些教徒不滿並對上海市府提出抗議，當時俄羅斯領導人和上海市政府反映此事，上海市府為了維護兩國的外交和平，立即勒令停止營業，再來談賠償問題。眼看五千萬元投資即將付諸東流，不服輸的余勢雄決定和上海市政府打官司。

和市府打官司，無異與虎謀皮，自討沒趣，當時沒有人看好。不過，他鍥而不捨、據理力爭的結果，竟然讓上海市政府同意賠償他新台幣三千萬元；要回了總投資額的六成，這也算是一場小勝利。在此同時，「家蒂諾」的籌設工作，並沒有受到上海轉投資的影響，繼續正常進行。

## 擴大副餐區 提高翻桌率

吃鐵板燒有個特點，就是「併桌」。除非你是大家族或公司聚餐而包下整檯桌面，否則三三兩兩的客人，一定是共併一張桌檯，由同一個師傅服務。這樣的好處是空間不浪費，壞處是當客人用完正餐，在等待或享用副餐（甜點、飲料、水果）時，會占據營業桌檯，延遲下一組客人進場時間，影響到翻桌率。

翻桌率可是營業命脈，翻桌率快、周轉就快，營業額就高；反之就是一場災難。為了解決這個問題，他想到一個方法，先把正餐區（鐵板桌檯區）和副餐區分開，當客人用完正餐，服務生就會隨即引導客人離開正餐區，換到另一邊的副餐區休息，聽音樂、享用甜點、飲料和水果，這樣正、副用餐區分開的效果，就可以快速增加翻桌率、提高營業額，而客人也不會覺得唐突，並且樂於享受副餐區的優雅情調。

正餐區凸顯出食材生鮮度、師傅專業，及服務人員的親切儀態。在正餐區，你會看到一個訓練有成，並自我要求完美的老師傅，如何把生龍活虎轉成盤中珍饈，又如何將巨鱈化成芳香美味，一個手勢，一個下刀的動作，都是手指芭蕾，搭配的無論是炒青菜、魚子醬，都絕妙滋味，令人動容。

副餐區強調優雅浪漫情懷，營造不疾不徐的優閒對話空間，在精心打造的古典、雅緻、溫暖氛圍下，客人可以完全獲得放鬆，和親友天南地北，無所不聊。在這個空間下，連水都甜如蜜，任何人都是知己。這就是「家帝諾」的競爭力，在每個流程把每個環節做好，並且精益求精，隨時把客戶的反映與需求放到會議桌上檢討、改進；很快的，名聲就打響起來。

## 發展旗艦店 區隔市場

「家蒂諾」七賢一路店成功後，很快的累積了資金，可以展開拓店的計畫，因此有了二店「家蒂諾─溫莎花園旗艦店」的誕生。因為店中的老師傅多是資歷完整、經驗豐富、四十年以上鐵板燒功夫的就有兩位，三十年以上的也有四位，若是問總資歷，則大小師傅加起來累計三百年以上，所以余勢雄常自誇，「家蒂諾鐵板燒」有三百年鐵板燒的經驗，的確如此。

資金到位，人才不缺，市場接受度高，於是決定開第二家店。第二家店，為了展現企圖心，決定用旗艦店的模式打造，店面自己買、裝潢設計美輪美奐、建材精挑細選、家具搭配驚豔，換言之，不僅是旗艦店，簡直就是「遷都」的規格。

旗艦店位於高雄龍德路溫莎花園，開幕日，沒有特殊宣傳，但人潮洶湧，萬頭攢動，光是餐券就賣了一千多萬元，賣到餐券不夠用，再版又印了一次，後來不敢賣了，因為，累計登記要買的金額已達數千萬元，怕被人誤會吸金，所以發個公告，感謝大家捧場，但餐券有限，售完為止。

這就是做生意、經營企業的魅力，只要有心、正派，顧客自己上門找你。古人說：「時來天地皆同力」，真的，掌握天時、地利、人和，正派經營、用心管理、與人為善，時機到了，連上天都插上一腳來幫你。就這樣，溫莎堡旗艦店順利開張，迎來了第二個春天。為了客源不致重複，導致內部競爭，余勢雄規畫了不同的經營方向。七賢店鎖定中價位客群，旗艦店則專門做高價位客戶。

為了讓溫莎堡旗艦店客戶覺得物超所值，余勢雄在展店時，親力親為，注重到很多細節，例如：裝潢上設計很多柔和的曲線線條及空間，讓客人覺得順暢、舒適、柔和；為了這些曲線，落地玻璃要整個做彎，額外耗費不少成本。

另外，為了呈現出弧形空間感，迴旋梯的鍛造欄杆，沿著弧線前進上升，為了彎出這個弧線，裝修工人拿著焊燒噴槍不停對著欄杆噴，噴熱之後只能拗彎一點點，拗彎一點之後再噴，就這樣日積月累下來，終於做出完美的弧形。

讓客戶能有多元的選擇，或是輪流到訪，體驗不同的情趣，因此每個用餐空間設計不同的主題格調，有宮殿風、古典風、藝術風、休閒風，還有隨興的近代風。同時，增加客人互動項目，只要客人有先預訂，隨時可以穿上準備好的廚師頭帽、套裝，加入現場燒煎過程，你可以做自己的料理，跟師傅ＰＫ，也可以跟同伴比賽手藝，或是玩COSPLAY遊戲，你就是主廚師傅，現場一切由你煎煮炒炸完成。

余勢雄說，師傅分兩種，一種是功夫型，一種是行銷型，當然這兩種都懂得如何料理食材；只是功夫型的師傅，著重手藝，按部就班，少與客人互動。至於行銷型師傅，則是會主動與客戶聊天，還會介紹食材、吃法、口感風味，以及品嘗重點，特別適宜搭配紅酒的菜餚，師傅還會順便介紹店內展設的紅酒，無形當中，拉近餐廳與客人距離，同時又多做了業績。

這兩種師傅各有特色，他會視現場狀況，決定派出哪個師傅服務客人，往往投其所好，賓主盡歡。就這樣，成功區隔了內部市場，不僅避免自相競爭，又相輔相成，創造了更大效益。

## 中長期計畫與員工分享

余勢雄說，沒有這些師傅，就沒有今日的他。當他需要人手時，這些師傅丟下夜市的家當就跟著他，情義相挺，也不管他能否做多久？當他決定實施改革，用瓷盤取代鋁箔紙盛取燒物時，師傅們也都願意違背傳統勉為其難答應（後來證明這十分成功，業界紛紛效仿）；甚至為了市場區隔，不得不把較資深師傅統一留在旗艦店，稍年輕的師傅都調到七賢店時，大家也都沒異議，這些都讓余勢雄打從內心感激，這些員工如此同舟共濟、如此相濡以沫。

於是當他開始做中長期營運規畫時，這些師傅的出路就成了首要考慮的選項。他說，未來如果成立第二品牌，或再展店，一定優先考慮讓師傅入股，內部創業，師傅如果擔心不賺錢蝕了老本，不敢下手，那麼他可以先獨資經營，虧損自行負擔，等賺了錢之後再釋股給師傅，讓師傅們可以放心養老，這就是他的「同理心」。

其實，他的同理心也表現在他所從事的公益活動上，他不定時會帶領員工，開著貨車，載上一整組鐵板燒桌檯，就到老人安養院去，現場開火，煎燒給落寞孤單的老人們吃，有些老人一輩子沒吃過鐵板燒，品嘗之後胃口大開，一盤接一盤，笑得合不攏嘴，看到老人們這樣高興，余勢雄自己也開心。

獨樂樂，不如與眾樂樂，在他的內心世界，喜歡看到人快樂，彷彿那是一幅人世間最美麗的畫面。

## 報名中山EMBA 跟各界菁英學習

EMBA是一個大家庭，在這裡藏龍臥虎，五光十色盡歸平淡，每個人心態都歸零，腦袋都掏空，只為了「重新認識與學習」。

印度射箭大師講過一個故事，他學箭進到一個地步時，老師把他的弓拿走，過了五年，又把他的箭拿走，最後連練習用的靶也被拿走了；以至於經過十年，他再次看到箭時，幾乎認不出來，後來老師把弓箭和靶都還給他，他一拉放，箭箭命中紅心，百步穿楊。放空，才能真正領悟。就是抱著這樣的心態，他重回學校，但是這次不用同學幫忙叫早，也不用再跑去隔壁家看電視了；他積極與同學互動分享，投身各種公益活動，他學得很開心，也玩得很開心。

他說，EMBA就是在開心中學習。光是班上就有三個醫師、三個律師，還有會計師、記者、上市櫃老闆等各界菁英，因緣際會，能夠與這些人同窗學習，豈不是人間一大樂事。

百年修得同船渡，他說，與這些人能夠成為同學，何其不易；每個人都有自己的成長奮鬥故事，才能夠一路走來，始終如一，最後進到這個大家庭。這其中多少老天庇佑、親人扶持、患難相助……，因此，他認為每位同學都是一本書，值得好好學習，他也珍視這份緣，並且盡量廣結善緣，多交一些朋友，預備保留到永久。

余勢雄一面斟上一杯紅酒，一面看著眼前的師傅施展手藝，變化出一道道料理，他臉上露出陶醉而滿意的微笑，此刻他內心深處又回到了童年世界，彷彿看到了那個在風雨中的暗夜，手忙腳亂準備晚餐的自己。

Tips

## 那些EMBA教會我的事

- 翻桌率是營業命脈，翻率快，周轉就快，營業額就高。
- 在每一個流程把每項環節做好，並且精益求精，隨時把客戶的反映與需求放到會議桌上檢討、改進；這就是競爭力。
- 為了客源不致重複，導致內部競爭，規畫不同的經營方向。七賢店鎖定中價位客群，旗艦店則專門做高價位客戶。
- 每個用餐空間設計不同的主題格調，有宮殿風、古典風、藝術風、休閒風，還有隨興的近代風，讓客戶有不同的選擇，體驗不同的情趣。
- 增加客人互動項目，客人也可以穿上廚師裝，自己做料理跟師傅PK，或是玩COSPLAY遊戲，假裝你就是主廚師傅，現場一切由你煎煮炒炸完成。
- 成功區隔了內部市場，不僅避免自相競爭，又相輔相成，創造了更大效益。

林富彬
郡富科技有限公司總經理

# 「讓員工有團體感，把公司當家，效益就能創造出來。」

▲郡富科技有限公司於 93 年 03 月 10 日創立，創辦人林富彬先生以樂觀積極的經營態度，帶領員工走過近 13 年歲月。圖：創辦人林富彬先生於郡富科技有限公司。

PROFILE

## 林富彬

出生：1957 年

現任：郡富科技有限公司總經理

學歷：國立中山大學 EMBA

經歷：大寮農會職員

專長：財務管理、電子代工、人事管理

第十二章

# 養雞大戶到電子加工轉虧為盈的祕訣

生命中，有些人年少得志，有些人大器晚成，開出的花香，聞起來意境不同。古人說：「少年聽雨歌樓上，紅燭昏羅帳，壯年聽雨客舟中，江闊雲低斷雁叫西風。而今聽雨僧廬下，鬢已星星也；悲歡離合總無情，一任階前點滴到天明。」人生不同的三階段，由年少輕狂，到中年奔波，至於老年智慧入定，洞察生命點滴、光明幽暗。

由種香菇、養肉雞到電子加工的郡富科技總經理林富彬，一個曾在基層農會上班二十餘年的上班族，經歷過無數的農會大小人事傾軋鬥爭，有時全身而退，有時慘遭外放；看透人性陰暗面、看開榮辱升貶，現在他用更大的格局經營企業，力求超越自己、超越客戶期待。

## 童年開始打工採洋菇上學遲到

林富彬的父親，年輕時就在叔父家擔任長工，叔父是一個大企業家，也是前高雄青果社（吳振瑞香蕉案、金碗、金杯事件）的代理主席，當時權傾一時，政商人脈廣泛，更是富甲一方的大地主，在地方上很有威望，也是林家的大家長。林富彬的父親為人公正無私，一生敦厚老實、做人不貪不求，是一個標準的好人，而叔父膝下無兒女，故視父親為己出。

不久，叔嬸於林富彬讀國中時過世，守喪期間，父親因為父母尚在世，拒絕穿上孝服，因而被叔父無情地逐出家門，結束辛苦耕耘二十幾載長工的工作；頓時，林富彬一家人的生活，墜入無依靠的深淵。

平日叔嬸為人善良賢淑和藹，記得年少時常有乞丐來家討飯，叔嬸都會客氣地送上些白米及金錢，布施於人，也常安撫父親，告訴他安心地工作，以後不會令他吃虧，所以從前的他們衣食無憂，受到很深的愛護。

現在，一下子被掃地出門，父親只能無奈帶著家人搬離傷心地，一切重頭開始。林富彬說，這就是他父親「高風亮節」之處，穿上孝服就可以坐享遺產，這等輕鬆之事，何人不要，但對父親來說，就像丟棄一件破衣服那麼輕鬆簡單。父親對這一切淡然、不以為意，這種情操日後也深深影響了林富彬以後處世的思維，並讓他由衷敬佩父親。也就這樣開啟

◀▲林富彬說，採績效獎勵分紅制，員工才會卯足勁工作，讓企業轉虧為盈。

▶讓員工把公司當家，有歸屬感，效益就能創造出來。

◀郡富科技員工旅遊於日月潭。

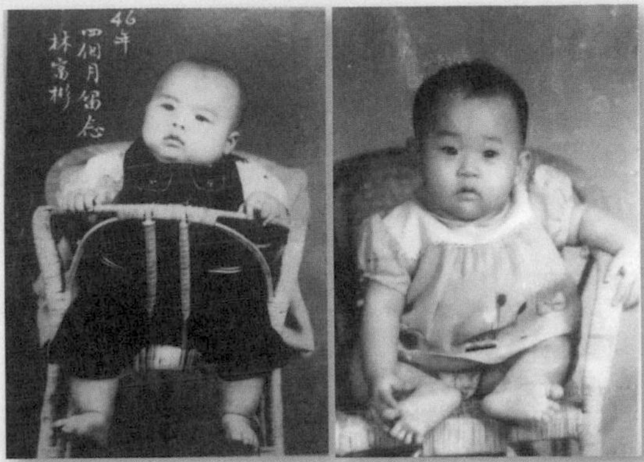


▶林富彬和老婆四個月的兒時照片。

◀四十年前，林富彬和老婆初戀時的合照。

▶親暖家庭蘊含的支持力量，為一經營者成功所不可或缺之條件。圖為創辦人林富彬先生及夫人張麗玉小姐。

林富彬年少打工賺錢讀書的艱苦歲月，而父親也開了一間小雜貨店兼打零工，扛下一家人的生計。

國中畢業後，他隨即考上當時號稱貴族學校的國際商專就讀，一個學期學費要三、四千元，是很重的負擔，本來一度想放棄，但在父親堅持下，雖辛苦也要他完成學業。面臨這種經濟困境下，幾乎每學期都是先借錢，然後打工還學費，在艱困狀況中完成學業；同時，在這五年裡，父親也換了好多工作，最後決定利用外公給的一小塊農地，種起了洋蘑菇。

林富彬身為長子，更感責任重大，每天凌晨二點多就要起床，採菇、篩檢、包裝、運送，一直忙到五點多，才能稍微睡回籠覺，所以上學常常會遲到，操性成績總是被扣到不及格。《對你懷念特別多》這首歌總會讓他回憶起，伴他度過無數個三更半夜工作的歲月。

最不幸的是，自己的母校國際商專，也在他畢業後不久，因為師生聯合罷課、學校人謀不臧、教育部多次協商無效下，成為臺灣教育史上被勒令停辦的大專院校。

林富彬是一個胸有大志、好動又不拘小節之人，畢業後原本一心一意要從事貿易工作，因為貿易所接觸的商業層面廣泛、視野開闊、又可遊歷世界。奈何這夢想在父親百般堅持下破滅，最終有條件地答應父親，往後他要以當總幹事為目標，才進入基層農會服務，過著與夢想不一樣的朝九晚五呆板工作。

之後，他一路從基層工作做起，不管行政工作、擔保物鑑價、或粗活工作，皆保持樂觀上進的心，做得有聲有色，得到上級賞識，甚至後來因派系鬥爭，仍被反對派一度重用擔任要職。

## 養雞遇大颱風 一夕血本無歸

「賽洛瑪」颱風是林富彬一生苦難的開始，父親因受叔父刺激太深，有根深蒂固的「有土斯有財」想法，父親利用洋菇寮留下來的竹子材料，開始小規模養六千隻雞，奈何才沒兩年就遇上「賽洛瑪」大颱風，吹垮了整個心血及勞苦，屋漏偏逢連夜雨，讓人欲哭無淚。

在此時激發父親一個更大的夢想，借錢買地、整建雞舍、邁向大規模自動化飼養，林富彬為一圓父親的夢想，也為了讓父親一吐被趕出門的怨氣、讓父親感到榮耀，開始借錢買地整建雞舍、走上背債八百多萬元的辛苦日子、在自有土地上飼養了四萬隻雞，加上租地最高峰飼養數達到八萬多隻雞，可算是中規模的飼養戶了。

◀第一家五口舊時照，走過艱辛路回首後更加甘甜。圖：創辦人林富彬賢伉儷及三名子女。

▶第一次國外全家自助旅行，保有赤子之心的創辦人夫婦與子女們以全程自行規畫之方式走遍歐洲各國。圖：創辦人林富彬賢伉儷及三名子女於威尼斯。

▲林富彬開心娶媳，代表一種傳承的開啟。

▲父親一生高風亮節，深深影響林富彬的做人處世風格。

▶創辦人就讀中山大學EMBA學程，收穫滿滿。圖：創辦人林富彬於 國立中山大學。

一肩挑大樑的林富彬，承擔起全家人的經濟重擔，在以前高利息時代，經過十幾載歲月利滾利，負債已經達到近三千萬元，每月繳利息二十幾萬元，讓他窮途末路，不知下一餐在哪裡。

累計到要開始第二次代工事業前，林富彬的土地貸款債務，剛好約三千萬元整，每個月本息攤還近二十萬元，幾乎讓他過著無法喘息的日子。

其實，靠著土地增值的價值，就可以處理掉大部分債務、解決經濟上困頓，但父親是個頑固且不易溝通的人，此時反而勉勵他，背負債務的人以後會有成就。這讓林富彬百般無奈，也造成他大半輩子都在貧困的日子裡生活。

有一天父親突然說，雞不養了，理由是不要成為殺生的原兇，當時也因為飼料公司大規模一條龍飼養，成本較低廉，造成他們的經營困境。從善如流的他，只好關上養雞大門，並在百般懇求父親下，處裡掉一些土地，減輕了不少經濟上的壓力，也為往後的轉行留下資本和生機。

此時，幸好人生的第一個貴人好友楊廷舜出現，在他牽線下，林富彬開始人生第一次創業代工（線圈），楊廷舜扮演亦師亦友的長輩，一路教導他、陪伴他成長，而且從未離開過他。

代工在老婆主持下，招募了一大群原住民朋友，做得有聲有色，在金錢壓力上，紓解他許多負擔，可是好景不常，線圈代工是夕陽產業，做沒一年的光景，整間公司就往大陸外移了。

## 農會排擠
## 投資電子材料加工業

農會改選，一向是台灣政壇大事。總幹事職務雖不算是政治人物，但卻擁有影響地方政壇的實力，在地方上動員或號召，透過農會理監事、代表及信用部金錢實力，可以形成一股呼風喚雨的極大力量，所以是多方人馬角逐的必爭之役。

林富彬任職農會一段時間後，也經過派系鬥爭、無數次的更迭、常跟敵對陣營總幹事理念不合，或其人謀不臧，而他不願意苟合，所以常遭不合理對待而調動，但受到父親「高潔」的處世風格影響，他從不屈服於當時權力淫威之下，始終做一名理性的反叛者。

農會也在這種管理不善與徇私的作為下，逾放比例達到百分之五十以上，被政府列為第二次整併對象，但這對員工、甚至會員情何以堪，看在林富彬的眼裡，更是一股嘆息又無奈的感慨。

天理昭昭、老天還是有眼，在就任者屆齡退休，剩兩年的任期下，給了年輕有為又有抱負的內部職員蔡景逢一次機會。在大家群策群力、運用了無數戰略及智慧後，總算終於拿下舊任者待價而沽、半毛未得的總幹事職位。過了一段時間，農會在新任者大力整頓、苦心經營下，業績也創下全國逾放比例不到百分之二的亮眼成長，不但造福了無數員工和會員，也了卻他心中對農會割捨不下的那份期待。

此時，老婆剛好從友人之中得知，大發工業區有家規模大的電路板公司有外部代工，在她鍥而不捨地催促下，找到第二位貴人黃天煌議員及魏老師，經由他們的幫忙，用了足足兩年多的時間，在該A公司董事長的交辦下、巧遇被外放職務時結交的第三位出現的貴人沈奇政，開啟了電子代工的事業。起先在上班的他，交由太太以客廳當工廠來做，慢慢奠定了往後發展的根基。

代工是個門檻極低、易於取代的行業，當時有六家代工廠，他是資歷、經歷最淺，最容易被淘汰的，所以經過數年的經營後，有了第一次轉型的想法。他們在沒機器、沒設備的情況下，因當時外面代工價錢好，公司需要軟板成型代工，沈奇政便找上了林富彬，以雞舍整修為廠，向公司租機台設備加上技術輔導方式，真正開啟了稍具規模的代工業。

萬事起頭難，在跨足不同領域、不同的管理下，剛開始的二、三個月，每個 月皆以虧損三、四十萬元結算，原因是員工將近六十餘人，每人以月薪計算，如果管理不好，就是無效率的浪費。於是他自己判斷後下決策，除幹部外，其他一律改採論件計酬，結果，改變之後第一個月就轉虧為盈，也讓他體悟，經營事業需保持靈活清晰的頭腦。

## 善用時間換空間 化危機為轉機

企業的環境，幾乎無時無刻不在競爭下產生變化，沒有一勞永逸的事；所以，決策思維和作法總要靈巧配合當下背景，並做適時結合。

第一次的危機，幸好他掌握到最新消息，知道公司即將外移大陸，林富彬也提早因應，決定捨代工快速轉為層次較高的材料加工發展，並利用現有的技術設備，再增添無數機器，重新擴建廠房及投資無塵室，提升和強化公司的體質。當時因為代工業紛紛外移，很多同業老闆最後都變成林富彬員工，該A公司後製工程大部分也外移。

同時，有感於對單一公司的服務，就像是把雞蛋放同一個籃子，風險過高，林富彬克服多重困難後，經友人介紹引進，爭取到另一家算是印刷電路板業的日本龍頭公司，幸運地通過層層考核，最後被納入合格廠商供應鏈。但是，好景不常，因為適逢過年，大量訂單突然湧入下，一時忽略自己的接單能力，種下第二次的危機，讓B公司留下極為負面的評價。

林富彬在這種困境下，只能忍辱負重，咬緊牙根分三班全天候勉勵員工應對，要留給B公司敬業又積極配合的態度，就這樣默默深耕二、三年，總算得到公司肯定。此時，他做了一生最重大的決定，請辭服務二十年愛恨交加的農會，留下百感交集、又勉勵總幹事要有所作為的辭職信，回家全力打拼自己的事業。

他的人生道路是崎嶇的，上天似乎要給他很多磨練，B公司好不容易建立起的信譽及肯定，一夕之間又因介紹人朋友的一封黑函，承受無妄之災，林富彬再一次掃到颱風尾。因被誤解而快速地被砍單，第三次的危機，帶給他極大的傷害，不但公司面臨停擺的窘境、人員也被迫排休。

在創業這條道路，上天似乎無時無刻都在考驗他的智慧，幸好天性樂觀又開朗的他，也總是能勇敢面對現實。在這艱苦的時刻裡，還是以時間換空間，利用人脈資源對B公司的需求，做出一次又一次的貢獻，經過二年多的時間，才終於化解上層的誤解，重獲訂單。

原來，面臨惡劣的環境，如何求生存求取發展，都得依賴經營者的智慧。為了永續發展，林富彬在這次危機裡，一方面樂觀面對，另一方面又積極導入另一家知名半導體業C公司，利用了一年多的時間，從輔導考核到終於獲得認證，也成為該知名公司的合格供應廠商，是老天一次又一次考驗後，給了他一次重大的回報。

## 結合光子振頻技術推動綠色環保

因為站在高科技產業的浪潮上，創下林富彬的人生巔峰，但針對近年來工業化社會造成的各種影響和破壞，他常有所感念，期望從自己出發，將下一個產業結合新興科技，造福大地，為人類福祉和環境盡一份棉薄之力。

從小與大自然為伍的他，自此發願將人生航道轉向綠色環保科技，過程中，他與周金華先生對於社會福祉及正面環境的理念不謀而合，開始大力推廣光子振頻節能減碳技術，該技術應用範圍廣泛，目前已成功協助多家科技大廠達成節能減碳目標。同時，對於畜牧養殖效率和環境的改善，也顯現卓越成效。

另一方面，針對企業的內部管理，平時，林富彬的用人哲學，強調管理公司只要點到為止，其他交給中間以上幹部處理。他期許員工做好自我管理，營造一個「快樂上班」的氣氛，要有團體的榮譽感。

他「用人用七分」，缺點只要無大礙，他都予以包容，他經營企業，喜歡無為而治，讓員工自動自發地發揮所長，而不是多做管制；而且用人用他的優點就好，以績效獎勵分紅制，讓員工有價值感、利益感，只要員工把公司當家，就有歸屬感，造就穩定的企業環境，自然而然地，就能創造效益。視員工為寶，視為財產的保護，大家利益一體，利潤分享，共創前景。

## 感謝背後的偉大女人 老婆的不離不棄

林富彬說，老婆是他一生最偉大的支柱，除了創業之外，在農會浮沉二十幾年，每月背息二十餘萬餘元，即使有金錢的利誘，他也不改其志，拒絕隨波逐流，背後就是有老婆做他最堅強的後盾。

妻子出身優渥家庭，賢淑又有智慧，備受呵護疼愛，是父母的掌上明珠。年輕時代，也有無數企業名門二代追求，最後選擇嫁給窮鄉僻壤的鄉下男孩。從下嫁的第一天開始，她就得侍奉公婆、照料小叔小姑，還得展現堅強毅力，扶助丈夫歷經辛苦，看顧雜貨鋪兼煮三餐、幫忙養雞，拖著纖細身軀，大天生活在緊張又忙碌的環境中，未曾喊累。

他二十餘年薪俸，連繳利息也不夠，老婆分文未得之下，還得憑雙手賺錢，幫丈夫度過一次又一次的難關。夫妻意見不合，吵架在所難免，但老婆選擇不離不棄，無怨無悔付出，在村上，他們是一對患難與共、獲得肯定的模範夫妻。

他還記得當初進農會時，曾立下志願：「做上總幹事」，但現實環境下的無力感，讓他體會到「功成不必在我，只要能歡呼收割，誰拿鐮刀都一樣」的道理，慢慢淬煉出一位成熟企業人該有的風度。在他生命中遇到的貴人很多，憶起那段淒冷的歲月，他說，真的要感謝刺激他成長的敵人，尤其特別感謝在他發展過程中、用心用力默默支持他的人。

「天道酬勤，皇天不負苦心人。」一個成功男人背後，一定有一個偉大的女性，他特別感謝老婆，因為有她開了天道，不離不棄守著這個家，皇天方能酬勤，給了他們這個燦爛的果。

## 為圓父親的夢就讀EMBA

為增廣見聞、擴展視野，並為了讓父親圓夢，因此報名就讀中山大學EMBA，結果幸運錄取。以前家境清寒，父親一直有個遺憾，未能好好栽培四個孩子上大學，心中留下極大的失落感。

母親早年過世，記得小頭七那天夜裡，母親曾飄然入夢，在他意識特別清醒的夢中，特意叮囑身為長子的他，要替她多照顧父親、好好疼愛弟妹，她知道他很辛苦，但凡事要忍耐、不與人爭。母親溫柔又敦厚的話語，猶如一股暖流，灌注他的小小心靈，也讓他有勇氣承擔所有加諸在他身上的磨難，這段往事如今仍歷歷在目。

為完成父親的心願，也為了增加管理知識，讓他有了上ＥＭＢＡ的動機，讀ＥＭＢＡ的最大收穫是拓展人脈，認識高層次的人才，更學到很多管理上的新知識，充滿新體驗，古人說，活到老、學到老，學習是一種進步，更能帶來生活上全新的享受。

擔任他特助的女兒林慧婷也說，自從父親讀了ＥＭＢＡ之後，很多管理層面的東西，彼此有共通的語言，變得很好溝通，討論起來快速又順暢，這是意想不到的收穫。林富彬說，目前女兒協助父親在財務方面做總整理，類似「財務健檢」的工作，確認公司有賺錢，如何減少成本、減少庫存、減少費用，找出公司的利基，讓公司能良性穩定發展。

虎父無犬子，這對父女，尤其是妻子之前在雞舍底下，由養雞一直轉行到材料加工，由飼料輸送機走到後段製程加工，其間反差不足為外人道。但這兩者的興替調和，又保持得如此融洽自然、無縫接軌，令人讚嘆台灣中小企業適應力的堅韌，及創新能力的偉大能耐。

林富彬常說：「但願子孫牛活的土地，青山常在綠水常流。」這位忠厚純良的企業家，將滿懷家人的期盼，帶著事業夥伴的支持，繼續邁向下一階段的人生，用愛護土地的熱情，讓人生繼續更加璀璨。

Tips

## 那些EMBA教會我的事

- 代工業採取「論件計酬」，才是經營的「王道」，員工能卯足了勁工作，當然可轉虧為盈。
- 他經營的企業，喜歡無為而治，創造一個「快樂上班」的環境，員工穩定了，異動少了，才可能發揮效益。
- 「用人用七分」，用人優點，只要無大礙，缺點皆能予以包容，創造出一個員工「可以自由發揮」的工作環境。
- 他用「粗放」管理模式，採取績效制，員工只要找到自己最佳管理模式，去爭取績效即可。

# 亞太營運管理組 (APEMBA)

台灣、香港及中國的人力資源和市場日益合流已成為趨勢，特別是香港的服務機能和台灣在高科技生產製造業之優勢正面臨中國市場迅速增長所帶來的挑戰，而為因應此一潮流，中山管院EMBA特開辦高階經營管理碩士班亞太營運管理組（Asia-Pacific EMBA，簡稱APEMBA）。

中山APEMBA首創將台灣的EMBA帶進國際舞台，以整合兩岸三地和亞太為中心的管理理念，設立宗旨在提供高階經理人面對大中華地區及亞太地區持續且劇烈變動之商業經營環境所帶來的挑戰時能結合現代管理理論及實務，以提升企業之競爭優勢，並將引導高階主管人才提升到公司重要核心策略地位。

國家圖書館出版品預行編目資料

平凡的力量：12位素人企業家從0到1的創業歷程 / 曾秋聯等12位CEO作. -- 初版. -- 臺北市 : 知識流，2017.08
面；　公分. --（EMBA ; 2）

ISBN　978-986-88263-5-9（平裝）

1. 創業　2.企業家

494.1　　106013551

知識流 KNOWLEDGISM

EMBA 002
平凡的力量
——12位素人企業家從0到1的創業歷程

| | |
|---|---|
| 作　　者 | 曾秋聯等12位CEO |
| 訪談撰稿 | 劉輝雄 |
| 主題策畫 | 周翠如 |
| 責任編輯 | 高憶君、周振煌、鄭瀚威 |
| 校　　對 | 蕭明珠、林昶睿 |
| 封面設計 | 陳偉哲、陳寬華 |
| 攝　　影 | 劉學聖、余奕憲 |
| 行銷經理 | 周德方 |

| | | |
|---|---|---|
| 發行人 | 周翠如 | |
| 出版者 | 知識流出版股份有限公司 | |
| 地　址 | 台北市100中正區懷寧街64號7F | |
| 電　話 | （02）2312-1402 | |
| 傳　真 | （02）2230-0450 | |
| E-MAIL | eric789789@gmail.com | |
| 劃撥帳號 | 19924070 知識流出版股份有限公司 | |
| 法律顧問 | 揚然法律事務所吳奎新律師 | |
| 總經銷 | 大和書報圖書股份有限公司 | 電話：（02）8990-2588 |
| 海外總經銷 | 時報文化出版企業股份有限公司 | 電話：（02）2306-6842 |
| 出版日期 | 2017年8月12日初版 | |
| 定　價 | 370元 | |

ISBN：978-986-88263-5-9（平裝）
Printed in Taiwan